TOTEM & TABOO　SIGMUND FREUD

纸莎草
Cyperus Papyrus

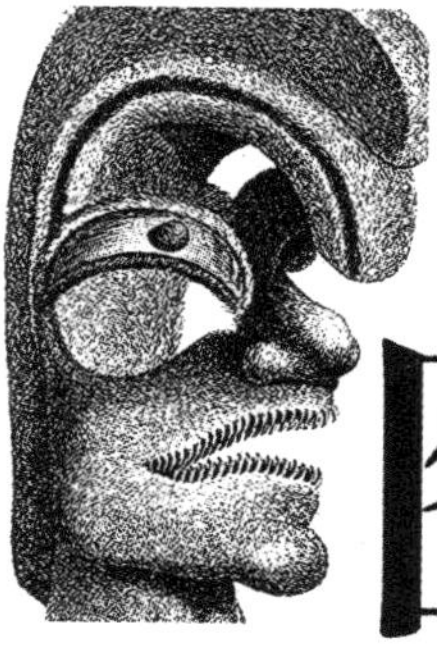

图腾与禁忌

[奥] 西格蒙德·弗洛伊德 著
文 良 译

北京航空航天大学出版社
BEIHANG UNIVERSITY PRESS

图书在版编目（CIP）数据

图腾与禁忌 /（奥）西格蒙德·弗洛伊德著；文良译. -- 北京：北京航空航天大学出版社，2018.12

ISBN 978-7-5124-2902-4

Ⅰ. ①图… Ⅱ. ①西… ②文… Ⅲ. ①图腾—禁忌②精神分析 Ⅳ. ① B933 ② B84-065

中国版本图书馆 CIP 数据核字（2018）第 290374号

图腾与禁忌

出版统筹：邓永标
责任编辑：曲建文　舒　心
责任印制：秦　赟
出版发行：北京航空航天大学出版社
地　　址：北京海淀区学院路 37 号（100191）
电　　话：010-82317023（编辑部）010-82317024（发行部）010-82316936（邮购部）
网　　址：www.buaapress.com.cn
读者信箱：bhxszd@163.com
印　　刷：三河市华骏印务包装有限公司
开　　本：880mm × 1230mm 1/32
印　　张：9.875
字　　数：213 千字
版　　次：2018 年 12 月第 1 版
印　　次：2018 年 12 月第 1 次印刷
定　　价：56.00 元

如有印刷质量问题，请与本社发行部联系调换
联系电话：（010）82317024

前 言

现在，有许多专家学者对原始民族部落中的各种禁忌、图腾崇拜现象以及以它们为主题的图腾社会，自始至终都保持着高度的研究热情。禁忌、图腾与宗教的核心及本质也是长久以来人们争议的中心。《图腾与禁忌》一书即是弗洛伊德对这些难以解答的谜题所做的突破性贡献。在这本书里，弗洛伊德是从以下四个部分来进行讨论的。

澳洲土著

一 乱伦的畏惧

弗洛伊德从澳洲土著人的图腾崇拜中，提出了敏锐的观点。

首先他对这些图腾禁忌的研究所得综合概括如下：（1）触犯图腾禁忌（如：屠杀图腾动物或同图腾的人相互通婚）在原始民族里被视为最大的罪恶。全族的人都将激烈地参与报复，就如对待一件对全族人皆有危险或威胁的事一样。（2）图腾代代相传不因婚姻而转变，例如，在母系传袭的情形下，一个属于袋鼠图腾的男人与一个属于火鸡图腾的女子结婚，所生的子女，不论男女一律都属于火鸡图腾。在图腾禁忌中，弗洛伊德提到一个在原始民族中的普遍现象——外婚制。随后，在分析群体婚和外婚制的同时，他发现了一个极具有研究价值和有趣的现象——它们都具有严厉防止乱伦的作用存在。虽然原始民族并没有像我们一样的道德观

非洲图腾

刚果边远地区的妇女，腰带和双辫是图腾装饰。

念，但是他们对乱伦的畏惧及其处理方式却让人咋舌不已。例如，“在美拉尼西亚，一个男孩和他母亲、姐妹间的交往，有着种种限制。在里皮斯岛的新海布里地族，男孩到达某一年龄后便不可再居住于家中，而必须迁入‘营舍’内生活。在野外兄妹不期而遇时，他必须跑开或躲起来。男孩若在路上认出其姐妹的足印，他便不再顺着那条路走。女孩亦然。这种回避始自成年仪式后，而持续终生。儿子与母亲间的疏远也随年岁的增长而增加。在英属东非的某一族，女孩子在青春期后与成婚前必须回避其父亲直至结婚以后为止……东非班图族里要求男人‘以其丈母娘为耻’，即他必须小心不与她相处”。从这些例子中，我们可以清楚地看出，原始民族对乱伦关系的产生有着极度恐惧，因此，他们对有关乱伦的禁制也特别严厉。

二 禁忌和矛盾情感

弗洛伊德在讨论了原始民族对乱伦的极度畏惧后，在第二部分则对禁忌及其所隐藏的矛盾情感进行了更加深入的分析。首先他由波利尼西亚对于禁忌所包含的双重含义——“崇高的”“神圣的”与“神秘的”“危险的”“禁止的”“不洁的”开始讨论。按照《大英百科全书》的解释，从广义上讲，禁忌具有下列性质：（1）由玛那（mana，一种神秘的力量）依自然或

非洲图腾

直接的方式附在一个人或物身上因而产生的结果。（2）由玛那以间接的或以传递的方式而产生的结果。（3）前两种方式同时存在。总之，禁忌的来源是由于附着在人或物身上的一种特殊的神秘力量（玛那，原始民族假设宇宙有这种力量存在），它们能够利用无生命的物质做媒介而加以传递。我们可以把被禁忌的人或物比喻为带电体，它们是这种可经由接触传递可怕力量的容纳地方。如果激发这种电能的物体本身太脆弱而无法抵制它们时，则将产生破坏作用。例如，一位国王或僧侣附有玛那，则其本身将因它所具有的神秘性而成为禁忌。于是，当一位平民接触到国王或僧侣的身体时，因玛那的作用将使他受到禁忌的处罚——通常是意指死亡。接着，弗洛伊德提出了原始民族的一些常见禁忌：（1）对敌人的禁忌。在原始民族里，当他们杀死一个敌人时，必须举行一些仪式。例如，在帝汶岛（南

土著人的岩石图腾画

土著人山洞里的图腾

洋群岛内的一个岛屿）上，当一队英勇的远征军带着敌人的头颅得胜归来时，便举行一种特别隆重的“息怒”仪式。在这种仪式中，远征军的首领都被加以严厉的禁忌。举行仪式的时候，一般都供奉牺牲（祭物）来平息被割下首级的敌人灵魂的愤怒。在某些民族则盛行一种将死去的敌人的灵魂转变为守护神、朋友或恩人的方法。(2)对统治者的禁忌。原始民族对他们的领袖、国王和僧侣所持的态度常常由两种互补而非冲突的观念来加以主宰。一位统治者“不仅要受保护，同时也必须受监视”。这

萨摩亚土著图腾

种保护和监视都是由一连串的禁忌来执行的。（3）对死人的禁忌。在原始民族里，对待死人的方式一如处置敌人一般。加于死人的禁忌，可视为一种传染病，在最原始的民族里具有最毒的传染力。例如，在毛利族里，任何人在葬礼中接触到棺材都被视为极端不洁，他将开始受到控制并禁止与人来往，不但不准进入所有的房间，也不准接触任何人或东西，因为如此即将产生传染。甚至禁止他以手拿取食物，因为人们惧怕由于他的不洁会使食物失去了作用。最后，弗洛伊德在对强迫性神经症进行研究之后，又发现了一种和原始民族禁忌相同的特质——矛盾情感现象，并且针对这一现象做了更进一步的探讨。

三　泛灵论、巫术和思想的全能

弗洛伊德接着将精神分析学的理论正式运用到心理科学的领域。人类在长久的岁月里产生了三种主要的思想体系，即三种对自然的解释：泛灵论、宗教和科学的宇宙观。泛灵论，从狭义上讲，是对有关灵魂问题的讨论；从广义上讲，则它通常是指对精神生命的研究。大多数专家们都认为灵魂的观念是整个泛灵论体系的中心，包括相信动物、植物和物质也具有和人类灵魂类似的特性等想法。伴随着泛灵论的产生还出现了两种控制人类、野兽和物质及其灵魂的理论：巫术和魔法。巫术，在本质上是一种以对待人的方式来影响灵魂的做法（使它们息怒、服从命令等），即利用在活人身上被证明为有效的一切手段。魔法，则采取一种与日常生活心理方式不同的特殊方法来影响灵魂，它并不考虑灵魂的存在或其性质。巫术与魔法的特点，我们可以举一个简单的例子来说明：用喧哗和喊叫来驱除灵魂，这种行为我们可称之为巫术。若先知道它的名字，然后以强迫方式来驱除它则魔法已被用上了。在对泛灵论的施术方式（巫术与魔法）做彻底的研究分析后，弗洛伊德发现原始民族在施术的操作过程中，极明显地暴露出了一个企图：尝试利用控制心理作用的规律来操纵真实事物。

用巫术获取食用球茎的土著。这位土著的羽绒帽像一个球茎，上面像一朵花。这一图腾巫术是想使所有的可食球茎都为本部落开花结果。

说得明白一些，即原始民族将想得到而无法得到的事物利用心理机制来加以实现。例如，常见的求雨仪式，日本的暇夷人（居住北海道等地）常将筛子装上帆和桨使它看起来像条船，其他的人则拿着碗盛水，然后将它推至田园并加以洒水。在爪哇的某些地方，当稻米即将开花时，农夫带着妻子在夜间到他们的田里，通过发生性关系以引起稻米的仿效从而增加生产。所以，弗洛伊德相信人类对自然的第一种解释（泛灵论）是由心理作用所造成的。最后，他在对孩童心理和强迫性神经症的研究比较后，得到了一个较为具体的结论：泛灵论时期在次序和内涵上与自恋时期相似；宗教时期就像小孩子崇敬他们的父母一样，类似于目标选择阶段；至于科学时期，如同达到了成熟的阶段，人们已放弃了纯粹的享乐主义而能就事实对自己做适当的调整，并且将他的欲望和目标转移到外界。

越南美山圣地——占塔残迹中遗留的阳具图腾石柱

四 在孩童时期重现的图腾崇拜

弗洛伊德曾经尝试找寻类似宗教那种极端复杂思想的原始出发点。他利用雷诺（法国人类学家）对图腾信仰研究所得的12个信条作为讨论的基础。雷诺对图腾所做的总结，我们可以简述如下：

（1）禁止杀害或食用某种动物，但是，这种动物可单独被饲养和照顾。（2）某种动物因意外而死亡时，将像其他族人的死亡一样得到隆重的礼葬。（3）在某些情形下，禁食的禁忌仅仅是指动物身体的某一部位……

鹿图腾

图腾大略可分为三种：（1）部落图腾，即整个部落的族民皆具有相同的图腾，它们是一代一代遗传下来的。（2）性图腾，在一个种族中所有男性或女性共同拥有的图腾，它通常只包括同一性别的人在内。（3）个人图腾，仅属于某一个人的图腾，它不再传承后代。从早期对图腾的研究中已使学者们逐渐认识到图腾所代表的意义及作用。它不但是一种宗教信仰，同时，也是一种社会结构。就宗教信仰方面来说，人们对图腾具有发自内心的尊敬和被保护的关系；就社会结构来说，它不仅代表着同族内各族民间的相互关系，同时也区别出了与其他部族之间应有的关系。

弗洛伊德在整理其他学者对图腾崇拜起源的研究之后，利用精神分析学的方法逐渐解开了图腾之谜。他就从小孩和强迫性神经症病人与原始民族心态间的相似性提出了图腾是父亲影像替代物的观点。他主要是从原始民族对图腾的矛盾态度和小孩子对父亲的矛盾情感（或伊莱克特拉情结）间的密切关系，再做更深层的研究。除了在原始民族的图腾崇拜中找出这些线索外，他还在古希腊的神话和悲剧中寻求出许多有研究价值的证据。

纳西族东巴图腾风铃

从上面的简单介绍中，我希望读者们能对本书有一个简单的了解。不管弗洛伊德的理论是否有其价值，但他透彻的分析力和敏锐的思想仍然是令人尊敬和羡慕的。文学、哲学体系使人无限超越；科学则使人了解到自我的有限性后对知识能保持一种尊敬。当你接触到那些属于人类智慧的结晶时，在惶恐和焦虑中，将显出自己的无知。知识的匮乏，使人的心灵狭隘枯竭。只有在一个开放的心灵里，才可能对自我和人类的未来保持着一种乐观的态度。希望在我们这一代的努力下，能够使未来的一代拥有比我们更好的环境去探讨那些属于人类心灵的结晶，同时，也拥有比我们更多的机会去创造那些属于人类的永恒价值。这是我们翻译本书的目的，同时，希望这也是我们这一代青年应该努力的起点。

译 者

2004 年 9 月于北京

目录

contents

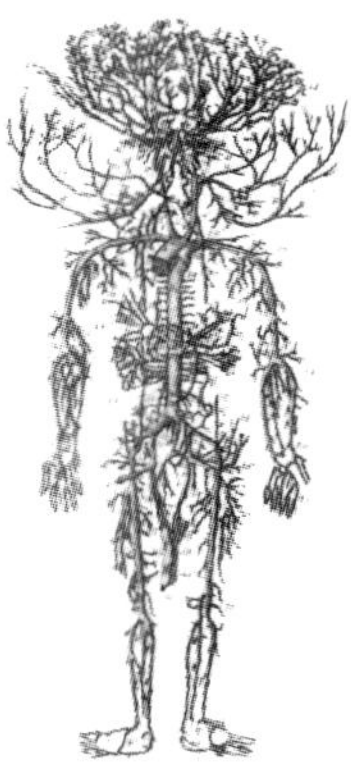

第一部分

乱伦的畏惧

我认为，对史前人在各方面遗留下的痕迹的了解，是我们能解释他们在每一个阶段上的进化所必备的条件。比方说：通过史前人遗留下来的那些石碑器具，通过我们直接或凭借各种传奇、神话、仙幻故事间接获得的对史前人的艺术、宗教和人生态度的认识，通过依旧残存于现代风俗习惯中的史前人的思维模式，我们对不同

澳洲土著人

发展阶段上的史前人已有所了解。更有甚者，从某种意义上来说，你或许可以认为史前人仍活在我们之中：不难看出，世上有些人无论在哪些方面都更接近于原始民族而与我们不同，因此，我们将他们视为原始民族的直系后裔或继承人。我们就是这样来看待那些所谓的野蛮和半野蛮民族的。他们的心灵世界尤其能引起我们的兴趣，因为在其中我们可以洞察到一幅保存完好的、有关我们自己的早期发展的图画。

如果这种见解是正确的话，那么，我们经由民谣所了解的原始民族的心理和由精神分析学而得知的神经病患者心理间的两相比较，就能找出很多共同之处，而且能让我们对那些与我们自身有密切关系的事物有进一步的了解。

考虑到外在与内在的理由，我选择那些为人类学家们所指出的最落后、最不幸的部落——澳大利亚这一最年轻的大陆上的土著人，来作为比较的一方。这个地方的动物群落也是最古老而已不存在于世界其他各地的。

澳洲土著人是一支奇异的民族，无论从体格或语言上来看，都与其最接近的邻居——美拉尼西亚人、波利尼西亚人或马来人没有关系。他们并不建筑房舍或固定的茅屋，也不耕种土地，除了狗之外没有别的家畜，甚至不懂陶器制作的技术。他们的生活几乎全依赖于追猎所得各种兽肉及挖掘的树根为生。他们不知有国王或酋长，所有公众事务全在集会中由长者处置。是否能在他们之中找到任何与宗教和神明崇拜有关的证据，我是毫无把握的。而那些居于内陆，因极度缺水而生计艰难的部落，可能比居住于沿海的部落更为原始。

虹蛇是土著人的图腾，被土著人当作保护神、造物主、上帝崇拜。虹蛇在土著人的文化生活中具有十分重要的地位。人们常在绘画中看到澳洲土著人虹蛇图腾的形象是一个长着袋鼠头、鳄鱼牙、鱼尾巴、长穗般身躯的古怪动物，各地土著部落有许多关于虹蛇的神话传说，而且各地虹蛇的名字、长相和特点各不相同。

依我们想来，自然不会以为这些可怜的、裸体的食人野民在性生活上有什么道德观念，或在他们的性冲动上加以有效的控制。然而恰恰相反，他们却尽其最大的努力，严厉而残酷地防范着乱伦的性行为。事实上我们几乎可以说：他们整个社会结构就是为了这个目的而设立，不然至少也与之有密切的关系。

在澳洲的土著人中，系统的图腾崇拜取代了一切宗教和社会制度。澳洲的部落有的再分为更小的分支或氏族，各自拥有一个图腾去崇拜。然则图腾是什么？它很可能是一种动物，也许是可食或无害的，也可能是危险且恐怖的。较少见图腾是一

裸体的食人族部落

种植物，或一种自然力量（如雨或水），它与整个宗族有着某种奇异的联系。大致说来，图腾总是宗族的祖先，同时也是其守护者。它发布神谕，虽然令人敬畏，但图腾能识得且眷顾它的子民。同一图腾的人有着不得杀害（或毁坏）其图腾的神圣义务，不可以吃它的肉或用任何方法来以之取乐。任何对于这些禁令的违背者，都会自取祸端。图腾的特征并非仅限于某只动物或某种东西，而是遍及同种类的每一个体。在经常举行的庆典活动里，同一图腾的人们跳着正式的舞蹈，模仿且表现着象征自己的图腾动物的动作和特征。

图腾崇拜的起源可能是传自母系社会，也可能来自父系社会（通常先前总是源于母系社会的传递，后来才为父系社会所替代）。隶属于某一个图腾乃是澳洲土著人一切社会义务的基础。它一方面延伸了部落关系；另一方面则防止了近亲通婚。[①]

---

① 图腾关系比血亲或现代的家庭关系还要强烈。

图腾并不受地方或区域的影响，一个部落里可能会产生多种图腾，而他们却能相处得非常融洽和亲近。[①]

至此，我们终于接触到图腾崇拜系统中能引发精神分析学家特别注意的部分了。几乎无论在哪里，只要有图腾的地方，便有这样一条定规存在：同图腾的各成员相互间不可以有性关系，即他们不可以通婚。这样就有了与图腾息息相关的族外通婚习俗。

这个禁忌的严厉性十分明显。就我们所知，有关图腾及其属性的种种观念，皆不能对此有所解释；换一种说法，我们不知道它是怎么融入图腾崇拜里的。因此有些人就认为：族外通

---

① 这是对于图腾崇拜系统的高度概括，有必要对此进一步评说和定性。“图腾”这个词是由英国人朗（J.Lang）于 1791 年首次从北美印第安人那里介绍过来的，当时拼写为“Totam”。这一题材逐渐引起学术界的广泛重视，迄今文献已是卷帙浩繁。其中我认为具有头等重要意义的著作，当推弗雷泽（Frazer,James George）的四卷本巨著《图腾崇拜与外婚制》（1910），朗格（Long Andrew）的《图腾的秘密》（1905）。首次发现图腾崇拜在人类史前中的重要作用的功绩，当属苏格兰人麦克雷南（John Ferguson Mclennan）。不仅在澳洲土著人中，人们都曾看 到或依然看到图腾制度的盛行。从某些舍此便无他解的残迹来推断，图腾崇拜一度存在于欧洲及亚洲的亚利安人和闪米特人之中（亚利安人即印欧民族，其分布东起印度，西至英伦三岛，为白种人中最大的一支。闪米特人包括犹太人、阿拉伯人等，源自米索不达米亚。——译者注）。因此，许多研究者倾向于将图腾崇拜视为人类历史上一切种族都要经历的一个必然阶段。史前人何以接受图腾？他们何以认为自己是一种动物的后代，以及何以成为他们对于社会义务及性限制的基础？此事论列颇多，在本书的第四部分里我将以精神分析学的观点试图解决这个问题。其实不止在理论方面图腾引起争论，它的种种事实也常自相冲突，不如我在正文里所表达的那么单纯一致。但你应当了解，即使最原始最落后的民族也总是“古老的”，经过长久的历史，生活方式已有许多进展和扭曲。因而在今日仍拥有图腾主义的民族里，我们看到的是图腾崇拜程度不等的败坏和瓦解，而正朝着社会化和宗教化进行，或至少也是停留在与原初大不相同的稳定状态里。最困难的一点在于，我们到底应该将这些现象的现有状态视为原始的主要特征的真实写照，还是将它们视为后继的畸变形式。

带图腾面具的土著人

婚不管就其起源或其意义皆与图腾崇拜丝毫无涉，只是在某一时期，当婚姻限制成为必需时才加进去，而无更深一层的意义。不管怎么说，图腾崇拜与族外通婚之间的关联始终是十分紧密的。

让我们用以下的观点来解释这种禁忌的意义。

1．违犯了同一图腾各成员之间不能通婚这一禁忌不会像违犯其他图腾的禁忌（如不可杀图腾动物）那样，仅仅是受到报应而已。全族的人都将对违犯者采取激烈的报复，犹如在处置一件对公众有威胁的危险事件，或加诸众人的罪恶。从弗雷泽的著作中引出的一小段文字里，你便不难看出，那些在其他方面被我们视作很不道德的野蛮人，用如何严厉的手段来处罚这些冒天下之大不

土著图腾

毽者：

“在澳洲与一个受禁忌的族人通奸，其处罚通常是死亡。不管那个女人是从小就是同族的人或是战争俘虏。氏族内的男子以受禁忌的女子为妻，会遭到本族成员的猎杀，那个女人也不能赦免。不过有时，如果他们能逃避一段时间，则也许会获得某种程度的宽容。在新南威尔士的塔塔苔族，常发生这种事：男的被杀死，女的只被鞭打或茅刺，或两者齐上，直至她濒临死亡。不果断地处死她是因为她可能是被强迫的。即使是对于偶尔偷情，氏族禁忌也绝不网开一面。任何形式的禁忌破坏，都被认为极度可恶而被处以极刑。”

2．既然这一严厉的惩罚也同样适用于没生孩子的、短暂的婚外恋，所以形成这一禁忌的各种原因不太可能具有实际性。

3．既然图腾代代相传并不因婚姻而改变，这种禁忌的效

土著图腾

果，比如在母系社会之中不难看出。例如，袋鼠图腾属的男人娶了一个火鸡图腾属的女子，他们的小孩，不论男女，都属火鸡族。依图腾法制，这一婚姻生下的男孩既然与她们同属火鸡族，则与自己母亲或姊妹间的乱伦关系，便成为根本不可能的了。[①]

4．但我们仍应注意的是，族外通婚与图腾间的关系并不仅如此，也就是说，禁忌不仅仅在于防范一个男子与母亲或姊妹间的乱伦，它也使一个男人不能够和同族的所有女人发生性关系，故而许多事实上并无血亲关系的女性也被当作血亲看待了。这样严格的限制，到底其心理背景如何，由于在我们文明人中并无类似情况，故而一时恐怕不易明白。我们只能猜想，图腾之所以被当作祖先而加以崇拜乃是一件十分神圣的事。每一个来自同图腾的人都是血亲，都属同一家族，在这个家族内即便最遥远的关系也是性结合的绝对障碍。

我们因此知道，这些野蛮人对于乱伦抱有非同寻常的恐惧。同时我们还感到，他们将乱伦与某种我们尚不可知的、以图腾家庭关系取代真正的血亲关系这一奇特的现象结合在一起。但是，后者的矛盾现象不可过分夸大，因为图腾禁忌也包括以特例方式对真正乱伦的惩处。

图腾氏族究竟如何取代了家庭的地位？这着实是个谜。我

---

① 另一方面，无论如何，在这禁忌里，并不涉及袋鼠族的父亲与他火鸡族女儿间的乱伦关系。如果图腾传自父亲，那么袋鼠族的父亲便不能与女儿乱伦了（因为所有他的孩子也是袋鼠族），而儿子却可以与他母亲乱伦。如此看来，母系的传递应该比父系古老，因为我们有理由相信，图腾禁忌的原始意图是想限制儿子的乱伦欲望。

们若能对此有所解释，恐怕图腾的意义也就不难明白了。然则我们所应牢记的是，如果性交相当自由，不局限于婚姻关系的状况，则血亲关系便会变得很不稳定。乱伦的防范，恐怕舍此再无更好的方式了。你不难发现，在澳洲土著人的习俗里，每逢庆典节日，一夫一妻的严格限制便荡然无存了。

正因为如此，这种对乱伦的限制产生了所有图腾民族某些特异的语言习惯。他们的亲属关系并不只存在于两人之间，而是在一个人与其团体间的关系。这就是摩尔根

埃塞俄比亚的 MURSI 族女人，装饰着面部图腾纹身及唇盘，这在当地是美女的象征。

非洲人图腾

(I.H.Morgan,1877)所说的关系的“类别”体系。也就是说，一个人不只称他的生父为“父亲”，凡族中原先依照族规可以娶他母亲而生下他的人，都是父亲；同理，他不只称呼生下他的女人为“母亲”，每一个依据族规可以嫁他父亲的人，都是母亲。他不只称呼他生身父母的儿女为“兄弟”“姐妹”，而是兼及所有为同辈的那些孩子们，等等，可依此类推。因此，在澳洲人的亲属称谓里，你绝不能随便应用我们的语言习惯而真把他们当成血亲：它们着重于表达社会关系而非血缘的关系。当然，在我们现在的社会里仍不难看出有这种情形的存在，父母们总是教导小孩称男客人为“叔叔”，女客人为“姑姑”；有时在隐

台湾百步蛇图腾

喻的意义上我们也常使用“同党的兄弟们”或“同教的姐妹们”。

所以，我们可以应用这种奇特的语言习惯，很轻易地解释费森（F.Son）之所以将群体婚认为是这种习惯的衍生物。在这种制度之下，一群男子一起和一群女子成婚，生下的孩子，不管谁是他们的生母，只好互认为兄弟姐妹，认那一群男人为父亲。

虽然有些作者，就像韦斯特马克于1901年在《人类婚姻史》中所提出的，反对这种关系的存在，而凡熟知澳洲土著人的学者几乎都赞同此类别系统为群体婚的遗迹。况且根据斯宾塞（Spencer）和吉伦（Gillen）于1899年提出的说法，某种形式的群体婚仍存在于任拉布纳与笛里族内。我们可以认定，在这些种族里群体婚确实先于个体婚，而在群体婚消失后的许久仍旧将保留不少痕迹于现在的语言及习俗里。

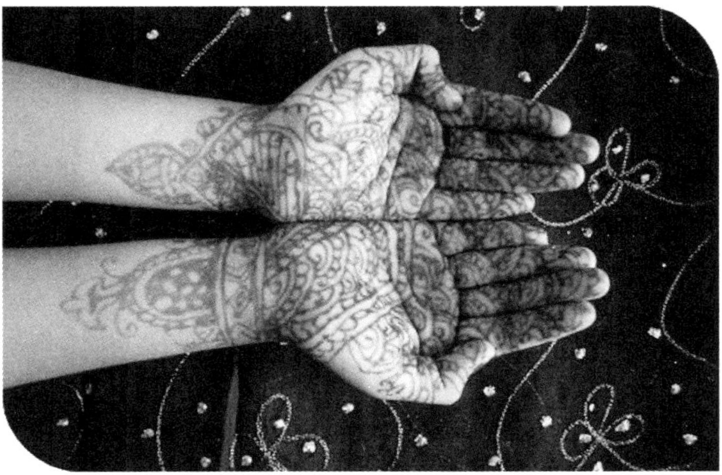

神秘部落图腾纹身

新西兰罗托鲁阿（Rotorua）毛利人文化村的木雕柱子

我们既然了解了这种群体婚，便不能不赞赏这种对乱伦的高度预防乃是一种聪明的做法。图腾的族外通婚制，即同宗族的成员不可有性关系，似乎是防止乱伦的最佳方法，其后这种方法虽已不复存在，而图腾族外通婚制却已遗传下来。

至此，你或许认为我们已发现澳洲土著人设立婚姻限制的目的了。然而，我们对它更深层内容的复杂多变仍然不能有一个明确的认识。因为在澳洲并没有几个种族是仅受图腾限制的。一个部落通常区分成两部分，称为“群体婚族”或“族外婚支”，每一族外婚支包含多少不等的图腾氏族，其间不可互相通婚。通常每一族外婚支又分为两个族外婚次支，所以一个部落便分成四部分，而以族外婚次支居于族外婚支与图腾氏族之间。

下面是澳洲部落组织的模式图，大半情形与此相同：族外婚支—族外婚次支—图腾氏族。

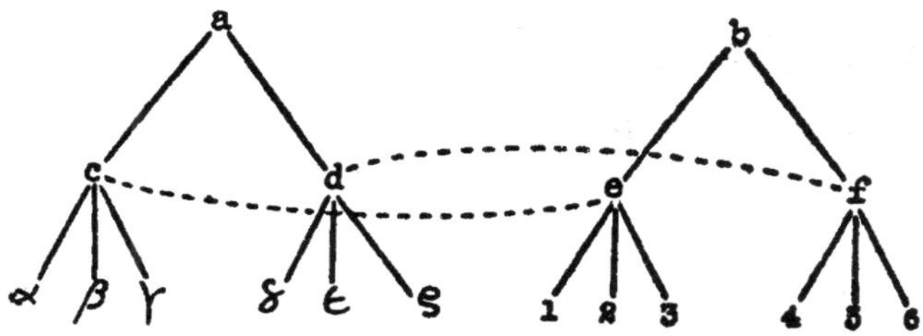

此图中 12 个图腾氏族分属 4 个族外婚次支和两个族外婚支，它们都是外婚的，族外婚次支 c 和 e 合成为一个族外婚单元；族外婚次支 d 和 f 亦然。这种安排的目的无疑是：对婚姻对象的选择以及性自由上加以更进一步的限制。我们先假设每一图腾氏族由同样多的人组成。那么，如果一个部落只分成 12 支“图腾氏族”，则每一个氏族中的每一位男人对同部落的全体女人有 11/12 的选择范围。分成两个族外婚支后，他的选择只剩下 6/12 即 1/2。也就是说，一个身属图腾 a 的男人只能娶图腾 1 ～ 6 的女人。再加以族外婚次支的限制，那么他的选择就只剩下 3/12 即 1/4 了，这时候一个图腾 a 的男人只能娶图腾 4、5、6 的女子为妻。

群体婚族（在有些部落里多至 8 个）和图腾氏族间的原始关系至今仍不甚明了。可知的只是，这种安排是为更进一步达成图腾族外婚制的目的。然而，群体婚族和有关它的各项制度却比图腾族外婚制具有更高一层的意义。它就如立法，用以在图腾的影响力减弱之时担负起防止乱伦的重任。我们已经知道，图腾系统是部落内一切其他社会关系、道德约束的基础，但群体婚族的功能似乎始终仅局限于对结婚对象的限制。

西藏林芝巴松错湖心岛上的男性生殖器崇拜

群体婚族体系在其发展的最高阶段上，证明它要努力超越仅仅是对自然乱伦和群体乱伦的防范，它要禁绝更加遥远的亲属群体间的通婚。在这一方面，它颇像天主教会，将这种古代的针对兄弟姐妹间通婚的禁忌，延展到堂表亲甚至那些只在精神上互称亲属（如教父、教母和教子）的人们之间的婚姻上。

关于群体婚的起源、重要性及其与图腾间关系的研究，我们没理由再进行下去。为了本书的目的，我们应着重强调，澳洲土著人及其他野蛮民族对于防止乱伦所做的巨大努力。我们应该懂得，野蛮人对乱伦这件事要比我们谨慎得多了。也许他们常承受更大的诱惑，所以不得不建立更牢固的防御体制。

然而这种防止群体乱伦的制度，并不能全面表达出这些民族对乱伦的畏惧。我们还能观察到不少有关个人与其近亲间来往所必须遵守的习俗。这虽被披以神圣的宗教外衣，而其目的也很明显。这种习俗可以总称之为“回避”，它们不仅仅分布在澳洲的图腾种族中。然而，我只能在丰富的资料里抽出片断来满足读者。

印第安图腾柱

在美拉尼西亚，男孩和他的母亲、姐妹间的交往，有着种种限制。例如，在里皮斯岛新海布里地族的一支中，男孩到达某一年龄后便不可再住在家中，而必须迁入“营舍”内独自生活。当然他尚有权回到父亲的家中谋求食物，但若他的姐妹们在家里，他便难免徒劳往返之累了；若无姐妹在家，他可坐在门口吃食。兄妹在野外不期而遇时，男孩必须跑开或躲起来。男孩若在路上认出他的姐妹的足印，他便不再顺那条路走。女孩亦然。事实上，男孩不但不可以说出他的姐妹的名字，甚至在言语中须避讳。此种回避始自成年仪式，而后持续终生。儿子和

部落成人仪式表演

母亲间的疏远随年岁增长而增加，通常母亲的态度变化得更为显著。一个母亲要送食物给他的儿子时，只能把东西放在地上，等他来拿。和他谈话时她不再表现所谓的母子亲情，而须使用对待外人般的礼节。

类似的情形在新喀里多尼亚也很普遍，兄妹在路上相遇时，女的躲入丛林内，男的头也不回地继续向前行。

在新不列颠的加泽尔半岛的土著居民中，女人婚后再也不和她的兄弟讲话，也不提他的名字，迫不得已时也只使用比较隐晦的方式来加以表达。

在新麦克伦堡堂兄妹间也有如此限制，彼此间不能接近，不可握手，不可互送礼物，不过可站在远处交谈。与姐妹乱伦则必须处以吊刑。

在斐济群岛，这种禁忌尤其严格，不仅施于血亲，且兼及远房堂表亲。可是，我们对这些被禁止的亲属们在某些祭典仪式中能互相求爱，又感到十分迷惑，除非我们把这种反差和矛盾视为对禁忌的解释。

神秘的印第安部落图腾

在苏门答腊的巴塔斯人中，回避规则施于所有近亲。例如，巴塔斯人认为一个男孩护送他的姐妹去晚宴是不可思议的。即使在公共场合，兄妹相处仍很觉不安。其中一人跨入屋里，另一个便走出去。不仅如此，连父亲也绝不与他的女儿独处房中，母子之间也是这样……荷兰传教士们为此一现象伤透了脑筋，承认这实在是很顽固的禁律。那些野蛮人认为凡一男一女独处必定会造成不当的亲近。既然他们深信这种结合将导致种种惩罚和灾难，他们自有其理由以种种禁忌来回避诱惑。

在南非迪拉戈湾的巴隆戈人中，最严格的禁律是施于一个男人与其小舅子（妻子的兄弟）的妻子间，这种现象让我们感到奇怪。他不论在何处一见这“可怕的人”，便赶快躲开。他不可与她同桌而食，与她谈话时神态不安，绝不踏入她的房间，与她打招呼时甚至连声音都会颤抖。

在英属东非的阿坎巴人或瓦坎巴人中间实行着一种人们还是可以常常见到的回避规则。女孩子在青春期后与成婚前需回

充满神秘感的印第安图腾

避她的父亲。在街上相遇时，她需躲开待他走过，她绝不可走近他或坐在他身旁。如此一直持续至订婚礼仪完后。婚后她就再也不必回避她的父亲了。

总而言之，最普遍最严格的（也是文明民族最感兴趣的）

回避，存在于男人与其丈母娘之间。这情形在澳洲很普遍，并扩展到美拉尼西亚、波利尼西亚和非洲的黑人种族，以及只要有图腾崇拜和关系的类别体系的地方，甚至更远。有些地方尚有媳妇与公公间交往的禁忌，但较少见也不严厉。在罕见的例子里，公婆或岳父母，都是回避的对象。既然我们关心的是这种回避的内涵及目的，而不是它在人种上的分布，那么在此我只举几个例子。

在美拉尼西亚的班克斯群岛，回避规则琐碎而严格。男人与其丈母娘互相不可接近。若两人在小径偶遇，女的站到路边背对着直至男人离开，若是方便也许他可以掉头走别的路。

充满神秘感的印第安图腾

在帕特森港的瓦努亚拉瓦，男人在其丈母娘的足迹未被潮水冲去之前便不敢走同一个海滩。他们可以站得远远地交谈，但丈母娘不可谈及女婿的名字，对方亦然。

在所罗门群岛，男人婚后绝不和丈母娘交谈。偶然邂逅之时他须装着不认得她似的，掉头就跑。

东非班图族里，习俗要求男人“以其丈母娘为耻”，亦即他必须小心不与她相处。他们不可进入同一座草屋，在路上相遇时，其中一人要闪到路旁。她也许躲到树丛里，而他则以盾牌遮脸。万一不幸无可避免地相逢，而丈母娘找不到任何可掩蔽的物体，那么她就拔一小把野草举在脸前来作为回避的标志。任何通话皆需经由第三者或远隔一些障碍物，如牛栏、村落，然后大声喊话。彼此间也不可说出对方的名字。

《伏羲女娲图》 图腾崇拜在中国唐代也存在，图中人首蛇身、蛇尾交缠，伏羲、女娲的交尾图成了华夏儿女繁衍不息的象征。

在尼罗河上游有一支名叫巴索加的班图族人中，那里的男人只有当其丈母娘处在别的房间、彼此看不见时，才和她说话。更有甚者，这个族的人对乱伦的畏惧竟会牵连到他们所豢养的动物。

近亲回避的目的和重要性是毋庸置疑的，一般公认为是预防乱伦的措施之一。但对一个男人与其丈母娘间的交往施以禁忌，恐怕就不易理解了。为什么在这许多不同的种族内男人会害怕一位足够做他们妈妈的老妇人的诱惑，这实在令人费解。

费森有另一种看法。他指出群体婚族的组织也存在漏洞，其中一个男人在理论上可与其丈母娘成婚。他认为，因此便需要特殊的制度来防止这一可能性。

约翰·鲁伯克（John Lubbock）爵士认为丈母娘与女婿间的这种关系的起源来自于“抢婚”制度。“女儿真的被抢劫，”他写道，“父母亲自然是极为震怒的。后来抢劫演变成一种象征，父母的愤怒也随之象征化了，一直到它的来源被遗忘后仍持续着。”但克罗莱（Crawley）却很轻易地证明了这种说法不足以阐明其中的许多细节。

泰勒（Tylor）相信丈母娘对女婿的这种做法出于女方娘家的一种“隔离”或不予承认的态度：直至第一个孩子出世前，女婿仍被视同外人。然而事实上情况并不像泰勒所说的，孩子的出世一定能改变这种局面。更重要的是，这种说法不能解释何以重心置于丈母娘身上——也就是说，这说法太忽略性的因素了。再者，它不能解释表现在禁忌中类似宗教色彩的恐惧态度。

一个祖鲁的女人，当被问到为什么会有这样的禁忌时，本其女性天赋的敏感，她如此回答：“他不应该看到哺育了他妻子的乳房。”

我们知道，女婿与丈母娘的关系也是现代社会里家庭组织上应恰当注重的问题之一。在我们的社会体制里，这种关系已不再引用回避规则了。但你或可体会，如果社会拥有这种回避的习俗而无需个人凭借惨痛经验再建立它，就可防止许多无谓的争执以及发生不愉快的场面。野蛮人凭借回避规则排除这两个关系如此密切的人的亲近，我们当中有些人可能会诚心地赞同这种做法。无疑，某些心理因素已造成丈母娘和女婿间的隔离和相处的困难。在

非洲的人像图腾

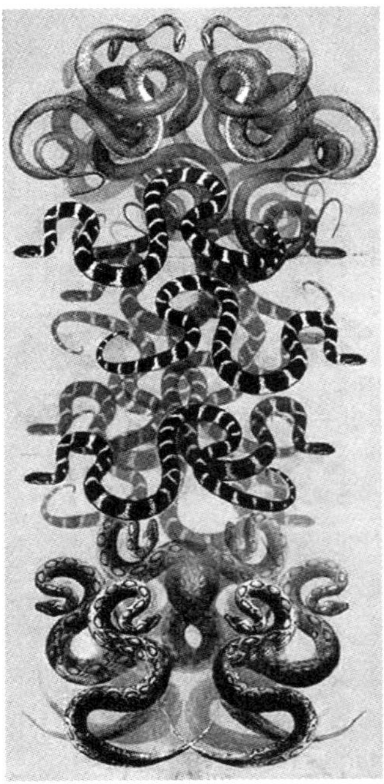

后现代装饰绘画大师菲利浦·塔菲作品——蛇图腾

文明社会里，丈母娘经常是有趣的笑话题材，令我相信这两人的情感间包含着尖锐对比的成分在内。我认为，他们的这种情感关系事实上是“矛盾的”，是由柔情和敌意这两种对立的冲动构成的。

这些冲动中有一部分是显而易见的。一方面，丈母娘很不情愿自己的女儿离开，不信任那个接受了她的女儿的男人，这完全是一种要保持她在自己家中建立起来的主宰地位的冲动。在女婿

方面，他决意不愿屈服在任何人的意志下，嫉妒任何先前曾拥有他妻子情感的人。最为重要的是，他不愿有任何人干扰他对于性感受的过分夸张的幻想。丈母娘在许多方面像他的妻子，却已缺乏诸如青春的娇媚、艳丽的姿色以及心灵的纯真等会令他狂热地爱上的那种品质。

我们可以通过对许多人的精神分析，去了解他们隐蔽于内心的种种冲动，我们也能找出其他的原因来。一个女人在其婚后漫长的家庭生活里，也许由于婚姻关系的结束过早，也许因为情感生活枯燥单调，她的性心理需求常有不能满足的危险。母亲年岁渐大，便常自居于子女的地位，不自觉地模仿他们，以他们的苦乐爱恨为自己的苦乐爱恨。人们总说父母因其儿女而青春长驻，而这委实是父母亲从其子女身上所得到的最最珍贵的心理收获。没有孩子的婚姻着实可悲，那做妻子的将失去一种足以支持她容忍婚后单调生活的力量。但是母亲一心模仿女儿，便很容易爱上女儿所爱的男子。在极端明显的例子里，这曾导

人像图腾

致因情感的剧烈挣扎所形成的严重神经症疾病。通常，丈母娘濒临恋爱的边缘，爱的冲动与相反对的力量在她紊乱的心绪中不停地骚动。而通常热切的情感被控制下来，她在女婿面前表现的是爱欲的残酷和冷漠的一面。

虽然女婿对其丈母娘的情感的原因有所不同，但是所表现的复杂和冲突却又是相类似的。通常一个男人在最终找到意中人之前，总是以其母亲或姐妹作为爱欲的对象。由于乱伦的不可能，他的情感遂由儿时铭记于心的这两个对象，转移到外界与之相似的女人身上。这时丈母娘的出现取代了母亲（或姐妹）的地位，他又产生了转向自己原初恋爱对象的冲动，于是不得不运用一切力量来对抗它。对于乱伦的畏惧促使他反对幼时爱

墨西哥阿兹特克通奸者被判处用石头砸死

颜色绚丽的鸟图腾

欲对象的重现。丈母娘在他的生活史上不曾出现过，在其潜意识里不曾留下痕迹，要排除她当然更为容易。但是从他对丈母娘那种掺杂了不安、敌视的情感里，不难了解她对他总是一种乱伦诱惑。社会上这类的例证比比皆是，不少男人先爱上了丈母娘，后来才转移感情于其女儿身上。

在野蛮人中乱伦因素之所以成为丈母娘与女婿关系之间回避规则的主因，我认为再没有什么质疑的地方。对原始民族严格实施的这些回避的解释，我们应接受费森的观点。他认为，野蛮人应用这样一些形形色色的回避规则来进一步制止可能的乱伦。这一解释也适用于所有其他的血缘和部落关系间的回避。唯一的差别是，在血亲的场合里，乱伦的可能性十分明显，防范的努力是有意识的；其他的状况，包括丈母娘与女婿之间，乱伦的可能性只是一种存在于幻想之中，由潜意识连接环节的作用所驱动的诱惑。

在前面的叙述里，我一直没有机会表达，应用精神分析学理论对于社会心理现象的研究能有多少帮助。人们早已熟知野蛮人对乱伦的畏惧，而一直不曾试求解释。我在此应再强调的是，我们确认这种畏惧是一种婴儿时期的特征，而且与精神病患者有极度相似之处。精神分析学已告诉我们，男孩最早的爱欲对象是具有乱伦性的，她们总是他的母亲或姐妹。我们也知道，在他成长过程中，必须逐渐排除这些乱伦意识。相反，一个精神病患者总表现出相当程度的精神幼稚性。他既不能解除童年时期充盈于心里的性心理情况，又不能回到这种状态中去。这两种可能性中概括为发展的抑制和退行。如此，原欲被定置于乱伦阶段，发挥（或开始发挥）其对潜意识生活的影响力。我们已充分证明，小孩与其父母的关系，尤其是乱伦的欲望，乃是神经症的核心情结。这种关于在神经病患者中乱伦因素重要性的披露，自然会引起正常人的普遍猜疑。朗格的文章便说明了许多文学作品乃是以乱伦为主题的。这种主题透过多样的变化、扭曲，也存在于无数的诗歌中。对此，反对的论调是同样的激烈。然而，我们却不能不认为，归根结底这种抵制态度主要是出于人类对其早年（现代已被退行

鱼形图腾

所取代)的乱伦欲望的厌恶。因此，如果我们能够证明那些后来注定要成为潜意识的、人类的乱伦欲望，在蒙昧民族那里仍被当作需用最严厉的手段来对付的灭顶之灾，其意义非同小可。

大洋洲某部落土著的图腾帽。帽子代表了该部落的神圣图腾。图中人正在作法，以便使本部落的猎手猎取更多的鸸鹋。

第二部分

禁忌和矛盾情感

禁忌的起源

塔布（Taboo）是波利尼西亚的一个字眼。我们找不到一个和它意义相近的译词，因为它表示一个早已不再被保存的观念。在古罗马流行的“Sacer”(被诅咒的、神圣的——译者注)一词即和波利尼西亚的“塔布”一词具有相似的意义。同时，希腊文字中“Oyos”和希伯来文字中的“Kadesh”（神秘的灭顶之灾和不可接近性——译者注）也可能代表了和“塔布”相似的意义。在美洲的许多民族里以及非洲（马达加斯加）、北亚和中亚中，我们也不难发现相似的字眼。

“塔布”，就我们的理解，它代表了两种不同方面的意义。一方面，是“崇高的”“神圣的”；另一方面，则是“神秘的”“危险的”“禁止的”“不洁的”。塔布在波利尼西亚的反义词为“noa”，就是“通俗的”或“通常为可接近的”的意思。所以，塔布意指某种含有被限制或禁止而不可触摸等性质的东西的存在。我

大洋洲中部荒原的阿伦塔部落土著在准备庆典。这里生活简单，女人干大多数的活，男人闲着的时候多，因此当没有图腾崇拜或其他礼仪时，他们就在有平石板的地上准备跳舞或狂欢。当决定跳什么舞后，他们就打开自己的袋鼠皮包，拿出束发带、袋狸尾、羽毛、颜料和羽绒开始相互化妆打扮。

们通常所说的“神圣的人或物”，在意义上和塔布便有些相同。

塔布所代表的禁忌和宗教或道德上的戒律并不一样。它们没有建立在神圣的宗教仪式上，而是建立在自己本身上。它与道德上的戒律所不同的方面，主要是在于它没有明显的、可以观察到的禁忌声明，同时，也没有任何说明禁忌的理由。塔布，既没有理由也不知道它的起源。虽然它们对我们来说是一种不智的，甚至是迷信的，可是，对于那些在此统治下的人们来说，则成为当然的事情。

冯特（Wandt, Wilhelm）认为，塔布的形成比任何神的观念和宗教信仰的产生还要早，它是人类最远古的法律形式。

为了对禁忌进行精神分析学方面的研究，我们需对它进行公正的描述。我首先要将《大英百科全书》里关于禁忌的解释摘要记录下来，它的作者是人类学家托马斯（Northcote

男性包皮环割手术。在古埃及，男孩子到了 10 岁左右便要施行包皮环割，只有通过这个手术，才意味着进入成年阶段。

W.Thomas）。

“严格地讲，禁忌仅仅包括：1. 属于人或物的神圣不可侵犯的（或邪恶的）性质。2. 由这种性质所产生的禁忌作用。3. 经由禁忌作用的破坏而产生的神圣性（或邪恶性）。禁忌在波利尼西亚的反义词是‘noa’，它的意义就是‘普遍的’或‘通俗的’。”

“就更广意义上讲：各种不同的禁忌都有某些特色：1. 经由‘玛那’（mana，一种神秘的力量）依自然的或直接的方式，附在一个人或物身上所产生的结果。2. 经由玛那以间接的或以传染的方式（如后天的，或受僧侣领袖或其他人所注入）而产生的结果。3. 中间的，也就是上述两种因素同时存在，就像一位妻子属于她的丈夫一样……”塔布这个词也可被应用到

其他仪式上，不过，要是能同宗教禁制区分开来，我们最好避免将它和禁忌相混淆。

“禁忌的目的很多：1．达到直接禁忌的目的：（1）保护重要的人物（如领袖、僧侣等），使其免于受到伤害。（2）保护弱小者（如妇女、小孩和通常包括一般民众）——不受领袖或僧侣的强劲玛那所侵害。（3）防止以手触摸或接触到死人尸体所引起的危险或误吃某些食物。（4）保护或避免有益于生命的重要行为（如生产、成人礼①、婚姻和性功能等）受到干扰。（5）保护一般人不受神鬼的愤怒或其力量所伤害。2. 禁忌可以防止一个人的财产、工具等被偷窃……”

刚果文物：基督风格的匕首，18世纪中。把柄上有男性人像，材质为铁、木、铜。是割礼、供奉或祭祀仪式的器具。

在早期，破坏禁忌所遭受的惩罚，被一种精神上的或自发的力量所控制：由被破坏的禁忌本身来执行报复。稍后，当神或鬼的观念产生以后，禁忌才开始和它们融合起来，而惩罚本身也就自动地附着在这种神秘的力量上了。正是由于这种观念的影响，对破坏者的惩罚才由团体来负责执行，因为这些破坏

① 在原始民族中由儿童转变为成人常举行一种成年仪式（包括肉体的手术，如割礼、拔齿等），就像我国古代的冠礼，从此以后，他必须服从大人的禁忌并享受大人的权利。

者的行为已对其他族民的安全产生了严重的伤害。因此，对于人类最早的刑罚体制，我们可以追溯到禁忌时代。

“触犯禁忌的人，本身也将成为禁忌……”经由触犯禁忌所产生的危险可以用赎罪或净化的方式来避免。

禁忌的来源是因为附着在人或鬼身上的一种特殊的神奇力量（玛那），它们能够利用无生命的物质作为媒介而加以传播。“被视为禁忌的人或物可以用带电体来加以比喻，它们乃是那种可经由接触而传递可怕力量的容纳地方，同时，如果被激发放电的这种生物体本身太脆弱而无法抗拒这种激发时，则将产生破坏作用。触犯禁忌所产生的后果，一方面要看附于成为禁忌的人或物其神秘力量的大小；另一方面要看触犯者所具有的反玛那力量的大小来决定。例如，国王和领袖们具有无上的权力，其臣民中有敢于直面相陈者，必死无疑。但是，大臣或比

西非南库库卢库（Kukumku）的成丁礼。成丁礼由埃里明亚社团每隔三年举行一次。参加者戴着有流苏的、有点像昆虫状的面罩，身穿松散绳状的短上衣和戴棕榈纤维头盔。成丁礼不能让未成年者和妇女看到。

其他黎民百姓更具玛那者，则可接近他们而不受伤害。同时地位更低者也可不冒任何风险地接近这些大臣或高贵者。这种情况可以依照他们身份的递减而逐渐失去其危险性……所以，间接的禁忌也将视拥有它们的人所具有的神秘力量的大小而定。如果他们是领袖或僧侣，则他们将具有较一般人更厉害的力量……"

因此，禁忌的传递性可以说明一种企图，那就是尝试用适当的净化仪式来消除禁忌。

禁忌有长久性的，也有暂时性的。长久性的禁忌包括冒犯领袖、僧侣或死者尸体及其他具备厉害力量的人或物。暂时性的禁忌则是冒犯了某一种特殊的环境情况，例如：女人的月经期和分娩期，战士们在出征前后，或者钓鱼和狩猎等的特

为死者臂骨准备图腾祭典的土著人。部落里最年长的人小心地把它用薄树皮包起来并用负鼠皮绳捆住，一端饰有羽毛，随后臂骨被放入一段空心桉树，所有参加葬礼的人当天都要在灌木丛中狩猎，以获取图腾祭典所需要的肉类。

殊活动。一种通俗的禁忌(就像天主教的禁令)可以被加诸整个地区，而且，也可以持续某一段长久的时间。

新南威尔士土著武士(1813年，澳洲)

如果我对读者的感受没有判断错的话，那么我可以很坦然地说，尽管他们到现在已听到了很多关于禁忌的阐述，可是，我们对于这个词所代表的真正意义和在他们思想中所占有的地位仍是知之甚少。无可否认，这是因为我所搜集的资料不够充分，同时我也省略了禁忌和迷信之间的关系、鬼魂的信仰和宗教等问题讨论的原因。不过，从另一个角度来说，我是怕对禁忌再展开详述的话，可能会导致读者更大的混乱，因为我可以很肯定地说，这个词所代表的论题本身是极其扑朔迷离的。

安达曼群岛上的安达曼人。女孩子初潮时有许多禁忌，例如不得外出，不得用原来的名字等。

接下来，我们将开始讨论一些原始民族所遵守的禁忌。长期以来，有些事物一直被强烈禁止着，可是他们从来不去考虑其中的原因，或者提出任何怀疑。相反，他们屈服于这种禁忌就像它们都是理所当然的事情一样，同时深信任何对禁忌的破坏行为将导致自取惩罚。我们可以从多方面证实这种触犯禁忌而遭受惩罚的例子。例如，一位无辜的触犯者，他可能仅仅因为食用了被禁食的动物，便陷入极端的精神不安，在预期死亡的阴影中，终于因恐惧而死。这些禁忌主要是反对享乐和思想上的自由。某些禁忌则常具有智慧上的意义，而且很清楚地指向禁酒、禁贪欲以及名利上的自制等方面。可是，仍有某些禁忌，它们的主题则令人十分费解。它们包含了琐碎的细节，使整个内容看起来就像是一种纯粹的庆祝或宗教仪式。

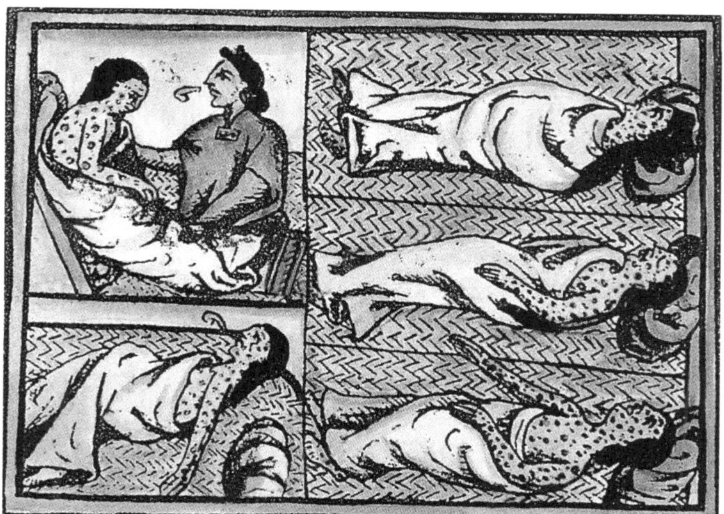

感染天花的阿兹特克人。西班牙殖民者感染了天花，随后在墨西哥阿兹特克人中蔓延（1576 年，圣方济各修士萨巴贡《佛罗伦萨古抄本》插图）。

在所有这些禁忌的后面都隐藏了一些必须且自然的理论。因为，某些人或物（如领袖、僧侣或不祥物等）被附上了危险的力量，而这些危险的力量竟能如某些传染性疾病一样经由接触来传递。我们应该注意的是，这些危险性质的力量也扮演了一部分角色。某些人或物具有较其他人更高的力量，而他们的危险性也与其所带力量的高低成正比。一个人触犯了禁忌中的任何一条，他本身即得到那种成为禁忌的特性，而使自己成为禁忌——就像整个危险的电荷都传导到他身上。这种神秘而危险的力量几乎隐藏在所有特殊人物的身上，如国王、僧侣或初生的婴孩；也附着在所有特殊的情况，如生理上的月经期、青春期或生产期。至于怪诞的事物，如疾病、死亡以及所有经由传染而与这些力量有关的事情也都附上了这种神秘力量。

“塔布”一词指代所有作为这一神秘特性的载体或源泉的事物，既可指人，也可指一个地方、一样东西或者一种短暂的状态。它还可以指具有神秘特性的禁忌。最后，这个词还具有“神圣的”和“超出寻常的”及“危险的”“不洁的”和“怪诞的”等含义。

这个词和它所表现的内涵，似乎代表了一种远超出我们想象范围外的心理的态度和思想。但是，当我们对这些原始文化的特质和对鬼神的信仰做一番透彻的研究之后，我们就可以接触到它们的核心所在了。

此刻，我们不禁要问，为什么要这么关心禁忌之谜呢？我认为，不仅它本身可以解答任何心理上的难题，同时也具有其他的意义。我们将慢慢地了解到，波利尼西亚蒙昧人的禁忌并

毛利族图腾

不像我们刚开始时所想象的离我们那么遥远。因为在我们的日常生活中一直在发挥其作用的道德上和传统上的禁忌，在本质上仍然具有和这些原始禁忌相似的地方。而对原始禁忌的解释，可能有助于我们对自己所谓的那些“神圣诫命”的神秘来源做出解释。

因此，我们对冯特所发表的有关禁忌的观点才能保持高度的兴趣，尤其当他承诺“对禁忌观念的来源做彻底的追踪”时。

冯特形容禁忌为“对某种物体产生了一种与宗教信仰有关的畏惧心理的本能”。

冯特接着开始解释，为什么对于禁忌本质的探讨，由澳大利亚土著人的原始情况入手较更进化的波利尼西亚土人更为恰当。他将澳大利亚土著人的禁忌，依照它们对动物、人类或其他东西的影响而分为三种。第一类禁忌是针对动物的，在本质上是禁止捕杀和食用它们，这也是构成图腾崇拜的核心。第二类禁忌是针对人类而设的，是一种和前述完全不同的方式。它们一开始就局限于一定的场合。在这些场合中，受禁忌影响的人会感到自己身在特殊情境之中。就像年轻人在转变为成年人时所举行的礼仪上，月经期间或将分娩时的妇女本身，这都成为一种禁忌；同样的，初生婴孩、病人，尤其是死人也构成了禁忌。一个人经常使用的物体对其他人来讲将永远是一种禁忌：他的衣服、工具或武器，等等。在澳大利亚土著人中，一位男人个人最严密的事情是他在成年仪式上被赋予的新命名。它是一种禁忌，同时也必须严加保密。第三类禁忌则是附在树木、植物、房屋或某一地区上，通常所附的东西不定。不过，它们大部分都依照同样一个规律，即任何怪异或能令人恐惧的事物都将成为禁忌的目标。

北美洲印第安易洛魁五族的图腾

塞特（Seth），埃及神话中象征风暴和混乱的神灵。塞特是大地之神盖布和天空女神努特之子，本应拥有崇高的地位，却因长着红发白脸、性情暴虐野蛮，成为邪恶的象征。

冯特所省略的对于文化素质较高的波利尼西亚和马来群岛土著人禁忌的讨论，其实也并不深奥。这些民族中最明显的社会差异是，领袖、国王和僧侣们常利用一种特殊而有效的也很容易为之所附身的禁忌。

可是冯特继续讨论道，禁忌的本质是深藏在这些特权阶层的利益下面：“它们是起源于一种人类最原始且保留最久的本能——对‘魔鬼’力量的恐惧。”“禁忌只不过是一种存在于禁忌物体内‘对魔鬼力量的恐惧’之具体化罢了。禁忌可以防止任何放出这种力量和命令的物体产生的作用（因为它具有隔离作用），如果它们遭受破坏，不管是有意或无意的，则对于魔鬼的报复必须加以躲避或转移。”

禁忌随着文化形态的不断转变，逐渐形成一种有它自己特性的力量，同时也慢慢地远离了魔鬼迷信而独立。它逐渐发展成为一种习惯、传统，而最后则变成了法律。“虽然，随着时间和环境的转变，对所有包含于禁忌里的各种力量及其特性造成了很大的转变，可是它们的起源仅仅只有一个，即：‘当心魔鬼的愤怒！’”

冯特让我们知道，禁忌是一种原始民族对“魔鬼力量”信仰的变异方式。稍后，他又告诉我们，它们已从其中自己解救出来了，可是，因为它们本身曾经是一种力量（即魔鬼的力量），所以经过一种心灵的保存作用后，在本质上仍然保留有这种力量。经过不断演变之后，它们也就变成我们的道德准则和法律的基础了。虽然这种主张并不曾造成矛盾，可是，我认为冯特的解释颇令人失望，相信有许多读者将会赞同我的观点。因为冯特的理论实际上并没有真正地追溯到禁忌的原始原因，或者发掘出它的根源。

“恐惧”或“魔鬼”在心理学上并不能被认为是最早的东西，也就是说一种无法考证的东西，除非魔鬼的存在是真实的。

可是，我们知道，像上帝一样，它们都不过是人类心灵的创造物：它们由某种东西所形成，然后又超越出这种东西（即人类创造了魔鬼，而后又将魔鬼的概念抽离人世）。

冯特已经有了一种关于禁忌双重特性的重要研究了，虽然并不曾清楚地指出它们来。依照他的说法，“神圣的”和“邪恶的”两种意义在禁忌的原始起源中并不加以区别。这些观念在初期不具有明显的特性，它们之所以成为相对的观念，只能说是在后天形成的。为禁忌所附身的动物、人类或地区是一种“似魔鬼的”，既不是“神圣的”，也不是后来所说的“邪恶的”。严格地讲，这个处于中立的意义——“似魔鬼的”或“不能触犯的事物”——已由“禁忌”这个词恰当地表达出来，因为它强调一种“神圣的”或“邪恶的”事物所共同具有的特征：与它们接触的恐惧。然而，这种重要共同特征的延续，证明这两个不同的意义在起源上是相同的，它们只不过是由于后来的不断受影响而逐渐分化，最后终于对立。

刚果文物：带魔力填充物的猿人小雕像，19世纪中期。材质：木、镜子、玻璃、布、铁、绳、藤条、树脂、染料、陶土、龙虾爪。祭师用于保护房屋或村庄、打击邪恶之人。

根据冯特的说法，这种禁忌的原始特性——相信在某种物体中具有一种“魔鬼的”力量，如果这种物体被触犯或非法地使用，那么它将对触犯者发出一种魔力（或咒语）作为报复——这仍然完全且唯一地保持着“实体化的恐惧”。这种恐惧尚未分化成它后来所形成的两种形式：崇拜和恐惧。

然而，这种分裂是如何发生的呢？冯特认为是这样的：禁忌的习俗由魔鬼的领域转换到信仰上帝的领域里。“神圣的”和“邪恶的”之间的对立呼应了神话学中两个阶段的接替。当第二个阶段到达时，第一个阶段里的思想并不完全消失，而是以一种较劣势或为人忽视的形态继续存在。他说，神话学上的一个规律是：为另一更高级阶段所征服和超越的那个阶段，虽然算是过去了，但是它仍将以低级的形式与后继阶段并存，这样原来的崇拜对象随即变成恐怖的对象了。

冯特余下的讨论是把禁忌的观念与净化和牺牲之间的关系

刚果文物：神话动物被赋予力量的雕像。19 世纪中期。材质：木、瓷 器、镜子、动物牙齿。刚果西南地区。用来保护某人的房子或村庄， 或用来驱赶和识别巫术及邪恶力量。

加以阐明。

禁忌的了解

在我们认真研究了个人心灵的潜意识部分之后，一般都将很快发现我们对禁忌问题所熟知的程度。我们会惊讶地发现许多人为自己所设立的诸如此类的禁忌，它们被严格遵守的程度，正像原始民族对本社会或部落中所共有的禁忌一样。如果我们还没有习惯于使用以“强迫性神经症”[①]这一术语来形容这些病人，那么我们将会给予这种情况以一个适当的名词——禁忌病。然而，到现在为止我们从精神分析学研究中所得到的有关这种强迫性精神疾病的临床症状和心理机制的本质，都不会拒绝将这方面

弄破青春期姑娘的处女膜——有些部落请丈夫的朋友甚至姑娘的父亲，有的则由部落里的特殊的人物来完成这一工作，比如巫师。

---

① 据弗洛伊德在精神分析学导论中的解释：强迫性神经症和歇斯底里的研究是精神分析学建立的基础。强迫性神经症是在病人的心灵中充满了并不真正吸引他的思想，他常感受到一种似乎和他意愿相反的冲动；他不断地 被迫去从事一种对他来讲并不具快感却无法抗拒的行动，例如，一个人不断地洗手，或不断地去查看门是否上锁。

面部刺青的毛利族酋长。这是毛利传统纹身，现多见于新西兰的毛利土著。

得来的知识推广并应用到与它相应的社会现象的解释上。

对这个大胆的假设，我们必须接受一个警告：禁忌和强迫性神经症之间的相似性仅仅是一种外在的表现，只涉及它们所展示的诸形式，而不延展至它们的本质特征。自然界常常创造出一种形态相似而在生物学上却相异的东西，例如，珊瑚和植物中的树枝状构造，还有化学沉淀物里的某些结构等，都很相像。显然，任何仅凭其外在的相似而肯定它们之间具有内在联系的观点都是草率、不恰当的。我们将把这个警告牢固地记在心里，不过，也不必因为它而阻碍了我们做进一步的比较和探讨。

毛利人独特的图腾木雕

在神经症中的强迫性禁忌和

禁忌之间最显著且令人震惊的相同点是，它们都缺少动机，而且其起源也都令人疑惑。在那种普遍的运动中，它们似乎被一种不可抗拒的恐惧力量所逼迫和主宰着。而且，它们并不需要外在惩罚的威胁，因为它们早已具有一种内在的本质，一种道德上的信念，即任何触犯都将导致令人无法忍受的灾祸。强迫性神经症的病人能够证明这种说法，因为他常有一种不明确的感觉。这种感觉使他认识到，由于触犯的结果将使自己周围的某些特殊人物受到伤害。对于这种伤害的本质我们一无所知。说实在的，哪怕是少得可怜的这一点知识也多半是从与赎罪或防御行为有关的事情中获得的，而不是从禁忌本身中获得的。

在对禁忌的研究中，禁止接触是其中最主要的禁忌，也是神经症的核心所在，所以它有时被称为“接触恐惧症”。这种禁忌并不仅仅局限于物体接触，而是把“与……接触”这个词语的意义伸展到隐喻的使用范围里。任何导引病人的思想到被禁止的事物，或任何将病人引向与禁物进行心理接触的东西，都像直接和物体接触一样地受到禁止。我们可由许多有关禁忌的例子中看到这种延伸。

有些禁忌的目的能够很明显地看出来。可是相反的，有些禁忌却令人难以理解，它们几乎是被视为无意义和愚蠢的，后者我们称之为“仪式性”禁忌。这种区别，我们也在对禁忌的研究中有所发现。

强迫性的禁忌很容易被替换。它们可经由许多方式而从某一个物体转移到另外一个物体上。而这个新的物体将变成——用我的一位女病人的话说，“令人无法忍受的”。如此替换下去，最终，使整个世界笼罩在“令人无法忍受的”气氛下。强迫性神经症病人的行为就像这些“令人无法忍受的”人物或东西，是一种可通过接触而传染到他附近事物的传播者。我在对禁忌说明时已提到了这种和它相同的传染和转移能力。我们都知道，任何一个接触到禁忌事物的人，他的本身也将成为一种禁忌，从此以后，再也没有人敢和“他”接触了。

现在，我将同时比较两种禁忌转换的例子。一个是从毛利族人的生活中概括出来；另一个则是由观察我的一位强迫性神经症的女病人而得来。

一位毛利族的酋长不能用口吹火，因为当他对着锅底下燃烧的火苗吹气时，他那种神圣的呼气将传导到火中，而由火传到锅中，如此由锅传到里面的肉中。经过这一连串的媒介，当酋长的呼气被传到食肉者身上时，无疑的，他只有死亡。

女神雕像

我的一位病人的丈夫购买了一件家具带回家。可是，她却坚持着把它搬走，因为它使这个房间变得“令人无法忍受”，因为她听说这件家具是由一家位于“史密斯街”的商店买来的。而“史密斯”则是她年轻时所

波利尼亚木制图腾像

认识的一位住在离她家不远的小镇上的已婚妇女的夫姓。这位妇女在当时正处于“令人无法忍受的”或禁忌的时期。因此，这件在“史密斯街”购买的家具就像她的朋友一样变成一个她不敢去接触的东西了。

强迫性禁忌在生活中所包括范围的广泛，就如在原始禁忌中所包含的那样，可是它们之中的一些忌讳则又能够被某种行为所补偿。因而，这些行为必须实行：它们变成一种强迫性的干扰行为，而且毫无疑问地具有一种补偿、赎罪、防御和净化的作用。在这些强迫性行为中最通常的表现是洗手狂。[①]有一点值得注意的是，某些原始禁忌也能够以类似的方式来加以替换，甚至它们可经由一种“仪式”来消除，而这种仪式常常是用水来洗涤。

---

① 举一个通俗的例子，当一位道德意识极强的人在一次嫖妓后，开始整天不断地洗手（企图透过一种强迫性的洗手行为来去除罪恶感）。

让我们仔细概括原始禁忌的习俗和强迫性神经症症状之间的相同点：(1) 它们都没有可以归因的动机。(2) 它们都由一种内在的“需要”所维持。(3) 它们很容易替换，而且都有一种可经由遭禁忌的物体而传染的危机。(4) 它们责令人们做出一种等于或类似于仪式的行为。

现在，我们已可以用精神分析学的理论，来对强迫性神经症的临床病历和心理机制加以解释了。下面是一个典型的“接触恐惧症”病人的临床病历：这位病人从很小开始，就有一种强烈触摸的“欲望”，这种欲望已经超出一般人所表现的程度而显得特殊了。这种欲望为外在的禁忌所控制，以至于无法从事那种特别的触摸。[①] 因为支持这种禁忌的是一个有力的内在力量，同时这种内在力量已超过他对触摸欲望的本能，所以这种禁忌也就被接受了。然而，这位小孩子原始心理的形成，也就是本能，并没有被禁忌所消除。它（指触摸欲望）只是被压制而潜伏在潜意识里面。禁忌和本能都仍然继续存在着：本能仅仅是被抑制而不是已被消灭了，就禁忌而言，要是它停止作用的话，那么本能将穿过意识层次而从事某些活动。在这种禁忌和本能不断的冲突中，于是产生了另一个论题：心灵的固着（Psychical fixation）。

像上面这种由固着方式所形成的心理作用的特质，我们称它为：“自我”对于某一单纯物体或与此物体有关的行为保持着一种矛盾情感的态度。他不断地渴望去从事这个行为（触摸），

---

① 这种欲望和禁忌均与儿童触摸自己的生殖器有关。

他视它为无上的享受，可是却绝不能做它，同时他也憎恨它。这两股喜爱和憎恨的感觉，其冲突是无法很快得到解决的，因为它们以势均力敌的僵持方式存在于“自我”的内心里。禁忌本身在意识层次里活动，而那种触摸的欲望却深藏在潜意识层次里使自我无法察觉。如果不是这种心理因素的作用，那么这种矛盾将不会持续那么长久或者导致那种结果。

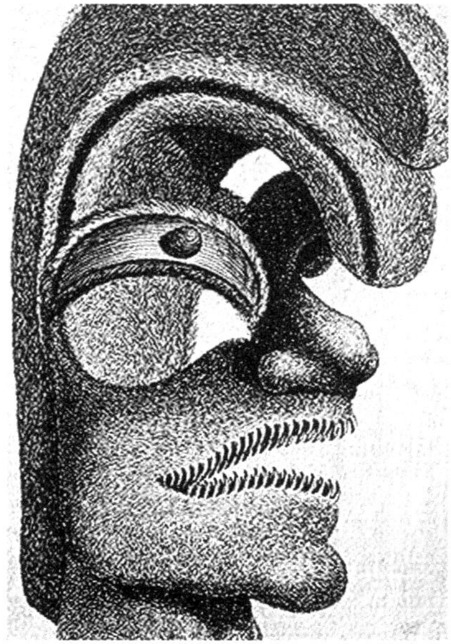

头戴羽毛的图腾神像

在上面所举的临床病历中，我们坚信最主要的病因是，病人幼年时期所受到的那种被强迫接受禁忌的观念；此外同在这一时期，压抑机制的随后发展也有着相同的重要意义。由于压抑的结果，产生了记忆缺失、健忘，其结果是对禁忌（存在于意识层次）的动机保持无知，而所有以智慧过程来对待它的做法都将失败，因为他们无法发现发病的原因。禁忌强度的大小和强迫性特质的产生，完全要归因于潜意识层次上的对抗，归因于那种隐蔽了的、丝毫未衰的欲望。也就是说，要归因于一种意识检验不可及的内在需求。禁忌之所以容易被转换或延伸，

毛利族图腾像

是因为它是一种与潜在欲望有关的在潜意识中占着优势的心理作用过程。本能性的欲望常常在不断变换以避免陷入“僵局”，并努力去寻找替代物（替换的物体及替换的行为）来代替被禁忌的物体，而禁忌本身也常保持移动，借以使自己走向一个为禁止欲望所能够容纳的地方。因此，任何被压抑原欲的超越将带来更显著的禁忌效果。对于这两种冲突的自然抑制就产生了一种宣泄的需要。这种宣泄能够减弱优势一方所带来的压力：这也是强迫性行为一再被实行的原因（如不断地洗手或看手表等）。对神经症的病人来说，强迫性行为很明显的是一种妥协的行为：一方面是一种因懊悔而努力从事赎罪的表现；另一方面也可以说是在同一时间里以替换的行为来补偿被禁止了的本能。神经症疾病的一个规律是：当这些强迫性行为在本能的控制下愈来愈少时，则表示它愈来愈接近原来被禁止的事物了。

现在我们假设，禁忌和我们病人的强迫性禁忌在本质上是相同的。不过我们必须事先知道，许多我们所看到的禁忌常是后来发生的，是被转移或歪曲过的。所以，如果我们能对最根本和最具含义的禁忌有点滴了解的话，就应该感到满足了。使我们对野蛮民族和神经症病人之间的细致对比产生困难的原因，就是因为两者处于不同的环境之中。

以图腾为图案的邮票

首先，我们知道要了解野蛮民族之所以产生禁忌的真正来源，即禁忌的起因，这是不可能的。正因为这种不可能，所以可以大胆地假设我们可以根据强迫性禁忌的模型，来重新塑造禁忌的历史。禁忌，我们必须假设，是在远古时代的某一个时期里，外在压力（某些权威）所附加于某一原始民族的禁制，它们是上一代的长辈所强迫要求接受的。这些禁忌和具有某种强烈意愿的活动相互联系。它们一代一代地留传下来，也可能只是一种经由父母和社会权威承接传统的结果。如此延续到后代，它们很可能被组织化，而成为一种遗传性的心理特质（此处并非指基因上遗传）。可是，有谁能够确定这些禁忌究竟是原有的，或者是经由教育而形成的永久性的禁忌呢？不过，有一点可以肯定的是，随着禁忌的维持，那种原始的想触犯禁忌事物的欲望依然保留着。他们对禁忌因而抱有一种矛盾的态度。在潜意识中，他们极想去触犯它，可是却又害怕这么做，他们恐惧，正因为他们想做，只是恐惧战

人像图腾柱

胜了欲望。正如神经症的病人一样，这些欲望都深藏在部落里每一个人的潜意识里。

最早和最重要的禁忌是图腾崇拜的两个基本定律：禁止杀害图腾动物和禁止与相同图腾氏族（部落）的异性发生性关系。

这些就是人类最早且最强烈的欲望。我们毫无把握去完全了解它，或者以我们的假设来证明这两个例子，因为到目前为止，我们对图腾制度的起源及其代表的含义仍然毫无所知。可是，这两个禁忌所用的措辞和它们的同时发生，将使任何熟悉精神分析学理论的人发现一些十分有价值的论题。这些论题是精神分析学家所认为的孩童欲望的重心[①]和神经症的核心。

我们曾经把禁忌所显示的多元性加以总结，可是，根据上面所说的理论，我们可以将它们全部归为一个单位：禁忌的基础是一种被禁制的行动，而潜意识却十分严厉地控制着这种行动。

① 此可能指俄狄浦斯情结（Oedipuscomplex），即乱伦的思想和畏惧。

我们知道，任何做了被禁止事情的人，即触犯了禁忌的人，他本身也将成为一种禁忌。我们无法理解为什么禁忌不仅能附于触犯禁忌的人身上，甚至可以附着在处于特殊情况下的人们和不具人格的事物身上？什么东西竟能够使这些不同的情况具有相同的危险力量？对于这个问题，我们只有一个答案：必然有一种特质具有能激励人们的矛盾情感和诱使他们去破坏禁忌的能力。

朱庇物图腾面具

触犯禁忌的人由于具有了一种能诱惑他人仿效他的行为的特性，于是他就成为另一种禁忌：为什么“他”能够做那些被严厉禁止的事情？他的行动无疑地将鼓励其他人去仿效，因此，他必须被隔离开来。

可是，一个能够激发人们被禁止的欲望，或使他们的矛盾情感觉醒的人，即使本身没有触犯禁忌，他也将永远或暂时地成为禁忌。大多数的特殊情况或特殊的地位都是属于这类的禁忌，同时也具有这种危险的力量。国王或领袖们因为他们的权势会引起他人的嫉妒，也许，每一个人都希望成为国王。死人、婴儿和月经期或生产期的妇女，因为他们的特别无助，或者一位刚成年的男子被许以某些新的享乐，等等。基于上述原因，使这些人们和这种情境都变成一种禁忌，因为他们所可能实行的某些企图必须加以严厉禁止。

我们到现在为止，才清楚为什么各种不同身份的人物具有不同数量的玛那。附着于国王身上的是最强烈的禁忌，因为一般人和国王之间的地位差异太大。至于大臣等官员就没有那么严重了。如果我们利用心理分析学的手段去研究这些禁忌，我们将得到一个结论：一个人由于害怕和国王接触，可能对一位他并不十分羡慕或身份与他较接近的官员能够保持适当的容忍。一位大臣则因为他比一般人的地位高，可能使他对国王权力的嫉妒减弱。因此，两种身份愈接近的人，他们之间所存在的敌意也就愈少。

鹰头木雕图腾

我们可以很清楚地了解为什么对某种禁忌的触犯会造成社

会的危险，而且，即使他并没有对所有人产生危害，他仍然必须接受全族族民的严厉惩罚。要是我们把这种潜意识的欲望（破坏禁忌）以意识冲动来解释的话，那么就容易发现真正危机的所在。这种危机主要是透过模仿，而这种模仿无疑将很快使社会现有的制度瓦解。所以，如果触犯禁忌的人并未受到其他人的惩罚，那么大多数的人都将仿效这位触犯者的行动了（由社会的组成分子来实行报复，我想最重要的是具有杀鸡儆猴的意义）。

在中世纪，欧洲领主拥有姑娘的初夜权

海边图腾

触摸在禁忌限制中扮演了一个和在接触恐惧症中相类似的角色，虽然这些禁忌所包含的含义不像神经症那样清楚和特别。不过，接触仍然是企图占有或使用他人所有物的第一个步骤。

我认为那种具有诱发和鼓励模仿的特质，就是附着在禁忌上的传染力量。这种禁忌的传染性质是由于它对其他物体具有传导性而使后者成为禁忌持有者。

禁忌的传导性只不过是反映出一个问题，即刚才我们所讨论过的，在神经症中那种潜意识(本能）不断地依照可能的途径而转换到新的物体上。因此，我们必须把注意力转移到如下事实上。这就是，玛那的危险魔力与两种更加现实的力量是相对应的，即与提醒人注意自己的违禁愿望，和引诱人为满足愿望而触犯禁忌这一显然更加重要的力量相对应。如果我们假设在原始的心灵中对禁忌行为回忆的觉醒和对从事这种行为的冲动的觉醒是不可分割的，那么我们可以把这两种功能归纳成一类。也就是说，回忆和企图同时产生。在这里，我们必须着重强调的是，到目前为止我们所举的例子证明一个破坏禁忌的人能够诱使其

古波斯神话中的阿里曼，他创造了一个邪恶的世界，到处是谎言和混乱，并一直在寻机颠覆善的一切。

他的人模仿他的行动，对违背禁忌的扩散也像禁忌的传染一样，由一个人传达到另一个物体上，然后再经由另一个物体继续不断地传播下去。

如果对禁忌的触犯能够用补偿或赎罪的方式来加以解决，包括放弃某些所有物或自由，那么它本身已证明了对禁忌的实行早已代表了放弃某些欲望的满足。这种放弃也表示他在其他方面曾经占了便宜。这使我们得到了一个结论：在禁忌的仪式中，补偿似乎占了比净化（一种解除禁忌的仪式）更重要的地位。

现在，我想把禁忌的本质与神经症中的强迫性禁忌之间进行比较所得的结果做简单的说明。禁忌是针对人类某些强烈的欲望而由外来所强迫加入（由某些权威）的原始禁制。然而，对禁忌破坏的欲望仍然残留在人类的潜意识里，所有遵守禁忌的人对禁物都怀有一种矛盾的态度。附着在禁忌身上的神秘力量(玛那)是因为它能诱发人们的企图。它像瘟疫一样发生作用。这是因为违禁的前车之鉴往往具有传染性，同时也因为潜意识中违禁的欲望常常从一个物体转向另一个物体。至于对禁忌的破坏能够用放弃个人所有物的方式来补偿，也正表示了对禁忌的遵守在本质上已包含了补偿的性质。

矛盾情感现象

在这里，我们要对禁忌和强迫性神经症之间的相似性究竟具有多少价值加以讨论。我想这种价值必须体现在能否经由这种观点以使我们对禁忌的本质做更进一步的研究。也许我们会自以为已经有了完善的理由来证明上面所讨论的观点。可是我觉得还必须对禁忌及其惯用方法做更进一步的诠释，以加强我们的证据的说服力。

以图腾为图案的邮票

我们可以以这个疑问开始探讨：“刚刚所讨论的神经症和禁忌之间的关系以及那些推论所带给我们的某些结论，也许无法对禁忌的现象做直接的证明。”可是，我们事先必须了解所要探讨的是什么。我们对禁忌的解释是在某一时期由某些权威人物所强迫加上的原始禁制，无疑这是无法证明的。所以，对于禁忌，我们想努力去确定的将仅限于它的心理决定因素。从强迫性神经症中，我们对这些因素已有所了解。至于如何从神经症的例子中找寻这些心理

图腾人像

的因素呢？经过对它的症状，特别是强迫性的行为、防御措施和强迫性命令的思考，我们发现它们都表露出一种因矛盾的情感所显现出来的征候；同时存在着希望和反希望（即不愿意），或者在这对立的两个思想之间有一方占了优势。要是我们能够在对禁忌的研究中发现矛盾情感的存在，或者在它们之中找出和强迫性行为相似的东西，那么，我们就可以在禁忌和强迫性神经症之间找出彼此在心理上有关联的地方，这也可能是它们的秘密所在。

如我前面所提到的，之所以对禁忌所包含的两个主要禁制难以理解，是因为它们和图腾崇拜相关联。至于训谕里的其他禁忌其重要性则仅是次要的，对我们研究的目的并没有多大影响，所以，我将把它们忽略掉。禁忌在它所影响的社会里常变

所罗门群岛上的土著战争舞。人人都处于警戒状态，手持盾，高举矛，令人印象深刻。使用这些可怕的武装进行模拟战时要特别小心。因为矛尖是锋利的鱼骨做成的，常插在腐尸中浸了剧毒，伤口感染后会得破伤风。

成一种类似法律的程序，而且通常都具有某种社会目的。例如，为了保护领袖和僧侣们的财产和权威，因而将禁忌附着在他们身上。此外其他还有许多事情我们可加以观察分析。经过选择后，我将对禁忌之所以会附着在敌人、统治者和死人等三者做出详细的说明：我将从弗雷泽的著作《禁忌和灵魂的危险》以及《金枝》的第二章作为材料来进行我的解说。

1. 对敌人的处置

我们也许会认为愚昧的野蛮民族对敌人所做的那种残酷行为是一种罪恶。然而，我们将很惊异地发现：即使在那种社会里，想要杀死一个人仍然要受到禁忌里面许多仪式的制约。这些仪式可以大略地分成四个部分：(1) 使被杀的敌人息怒；(2) 对杀人者进行限制；(3) 从事赎罪和净化的行为；(4) 完成某种类似宗教的仪式。由于这方面知识来源的不全，使我们无法很肯定地决定这些仪式在上述民族中是否普遍地为人接受，或者仅是部分接受而已。不过，这对于我们的研究并没有产生多大的影响。因为我们可以很肯定地认为，下面所举的例子不论在任何情况下，都不是一些孤立的奇特做法，而是普遍的习惯做法。

在帝汶岛（南洋群岛中的一个岛屿），当一队英勇的远征军带着敌人的头颅得胜归来时，便举行一种特别隆重的“息怒”仪式。除了仪式之外，远征军的首领将被加以极严厉的限制。在远征军归来的时候，通常都供奉牺牲（祭物）来平息那些被割下首级的敌人的灵魂的愤怒。“人们相信当祭物被忽略时，不幸将降临到胜利者身上。”更有甚者，仪式的一部分常包括一种伴随着歌唱的舞蹈来慰藉被杀的敌人，并乞求他的宽恕。“请不要愤怒吧！”他们叫着：“因为你们的首级现在已和我们在一起了，要是不幸的一方是我们，也许我们的首级现在也正暴露在你们的村落里。如今我们以丰盛的祭物来恳求你息怒。为什么你要成为我们的敌人呢？如果我们以前是朋友的话不是很好吗？那时，你们的血就不会喷洒出来而头颅也就不会被割下了。”在西里伯斯岛（印尼的一个岛屿，在婆罗洲之东）的帕卢族中也有相同的仪式。同样的，“东非的加拉族人胜利归来时，在他们重新踏入自己的家门前，必须事先用祭物来供奉死去敌人的灵魂和守护神”。

某些民族则盛行着一种将死去敌人的灵魂转变为守护神、朋友或恩人的做法。这种方法是以感情和爱心来对待敌人的头

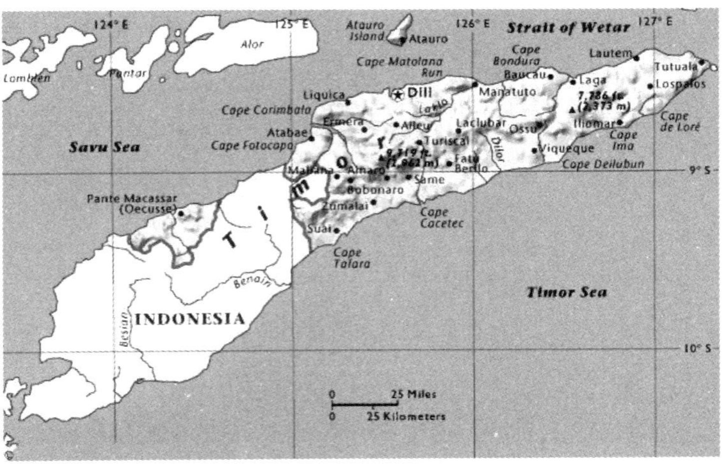

帝汶岛地图

颅，就像博内奥某些野蛮民族的做法一样。当沙捞越的迪雅克人在猎人头的远征中带着敌人首领的头颅回来后，其后的数月里，这颗人头将得到最优厚的待遇，并且用他们最宠爱的名字来称呼它。他们把最美味的食物塞进它的嘴里，有时甚至塞进雪茄。他们恳求这颗人头去憎恨它从前的朋友而爱护它的新主人，因为它现在已变成他们的人了。如果我们把这种恐怖仪式的举行当作一件荒诞的事情，那么我们将犯下极其严重的错误。

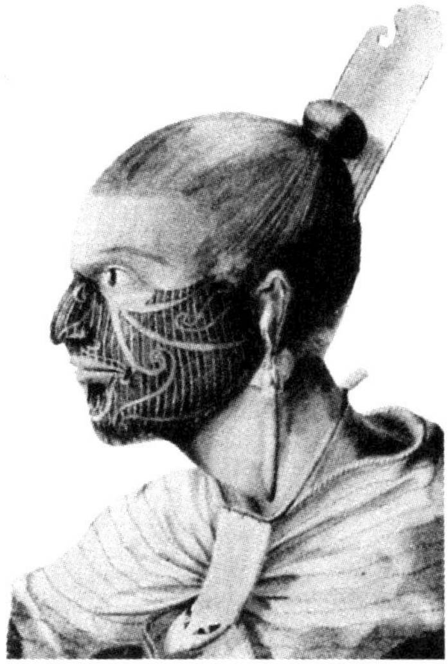

新西兰毛利族。毛利人的图腾纹身是身份的象征，纹身越多身份越尊贵。

在北美洲的某些野蛮民族中，一个旁观者将会惊讶于他们

19 世纪，新西兰毛利人挥舞矛的战争舞。为了保护土地，毛利人拿起武器，抵抗白人定居者。

那种哀悼敌人头颅仪式的情形。当一位乔克托的人杀死敌人后，他将连续哀悼一个月，并且被加以许多严厉的限制；达科他族也有这种仪式。当奥萨格族的人为自己部落战死的朋友哀悼时，一位目击者记载道："他们也像对待朋友一样哀悼他们的敌人。"

刚果文物：两面神头像图腾护身符。经常挂在哨子、长笛上，作为护身符和地位的标志。

我们必须在继续讨论以前先澄清一些问题。也许有人要反对说，那种息怒仪式的背景太简单了，他们看不出任何与矛盾情感有关的事情。这些野蛮民族只不过是为一种古代很常见的恐惧——对敌人鬼魂的恐惧所支配而已，这种恐惧曾经由英国著名的戏剧家在《麦克与理查三世》一剧中以幻觉的形式展现在舞台上。所有经由这种迷信而依逻辑方式推理得来的息怒仪式、种种限制和赎罪行为，我们都将讨论。这些做法只能解释为企图赶走那些萦绕着杀人者（指胜利者）的牺牲者的灵魂。[①]还有，野蛮民族公开允许敌人鬼魂的恐惧行为的

① 这些仪式包括敲打盾牌、尖声叫喊及伴随着乐器演奏等。

存在，以及将自己设置于禁忌里面，这些我们也将予以讨论。

这一反对意见确实很明确，如果它能解释一切的话，我们倒不必烦神再做进一步探讨。我想最好把这个问题的解答暂时放在一旁，先把前面所讨论过的有关禁忌的假设做一个重点的陈述。从这些禁忌中我们得到的结论是，就是野蛮民族对敌人的那种冲动并不只是包含仇恨，也掺杂着懊悔、对敌人的赞美

澳大利亚昆士兰北部身着图腾装的土著。他们花数小时用色彩和羽毛来打扮自己。第二排男人的头上有饰簇的棍子代表着图腾柱，据说有很大的魔力。据说有些蛇是他们的图腾和人类的祖先。

和杀人后的自我谴责。我们很难知道，在上帝（或任何神的观念）立下戒律以前的野蛮民族是否早有一种“你不可杀人”的法则存在，我们也无法肯定破坏戒律（即杀人）后是否将受到惩罚。

我们还是先对其他三部分禁忌仪式进行必要的讨论。对一位杀死敌人的武士，通常都被加以极严厉的禁忌。在帝汶岛上，一位远征军的领袖被禁止“立即回到他的家里。他被安排在特设的小茅屋中从事两个月的肉体和心灵上的净化仪式。在这期间，他不准接触他的妻子，甚至不准自己动手吃食物，必须经由其他人的手将食物放入他的口中”。在戴雅克的某些部落中，当胜利的远征军归来后，他们必须遭受数天禁闭，同时也要自觉禁止食用某些食物。在新几内亚附近的洛吉亚岛上，“曾经杀死或帮助杀死敌人的人必须把自己禁闭在家里一个星期。同时避免与妻子或朋友们接触和来往的任何机会。他们不能用手拿食物，只能由他人喂以用特殊的锅煮过的蔬食。这些限制的目的就是要使他们远离敌人的血腥气味，因为他们深信闻到了血腥味后会生病而死亡。在新几内亚的多里比或莫图莫图的部落中，一个杀人的人不但不能接近他的妻子，甚至不能用手抓食物。他必须

巴布亚岛新几内亚土著

由别人喂食，而且仅限于某种食物。这种仪式要一直持续到新的一月开始为止。”

我不打算继续列出弗雷泽所举关于对获胜的杀人者限制的例子。我将只简洁地指出一些具有禁忌特性非常明显，或在限制中伴随着赎罪、净化或其他仪式的例子。

“在德属新几内亚的莫农博族中，任何杀死敌人的人将被视为‘不洁的’——这个词也被应用到月经期或分娩期的妇女身上。”他“必须在男人的集会中停留一段很长的时间，村民们将围绕着他以歌唱和跳舞的方式来庆祝他的胜利。他不能接触任何人，甚至他的妻子和儿女，人们相信被他接触的人会为不幸所包围。他一直要等到用水冲洗或经过其他净化方式后才能重归洁净”。

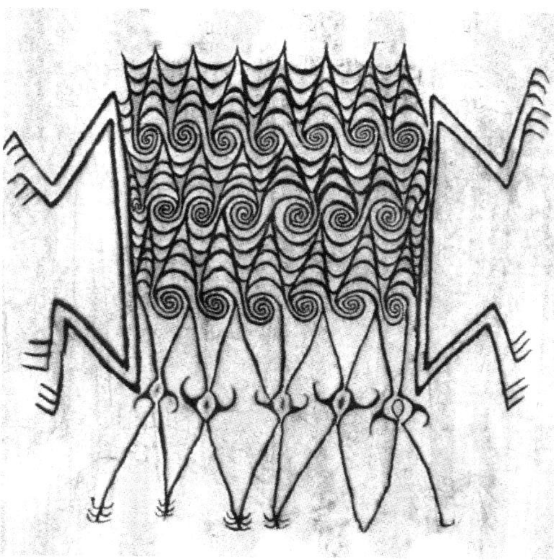

新几内亚伊里安嘉业森塔尼湖的树皮布丧袍

“在北美的纳切兹族中，当年轻的勇士从事第一次猎头皮(印第安人通常将敌人杀死后剥下头皮)的作战后，必须严格地遵守某些达6个月之久的禁忌。他们不能与妻子同床睡觉或食用肉类，他们的食物仅限于鱼类和玉蜀黍粥……当一位乔克托族的战士猎取了敌人的头皮后，要哀悼一个月。在这期间，他被禁止梳理头发，头皮痒时也不能用手抓挠，而必须借用挂于腕上专为这个目的而准备的小棒。”

新几内亚西部土著涂上参战色彩后的恐怖装束。当他们嚎叫着冲向敌人时就像魔鬼的化身。他们的半圆头饰上有白鹦的羽毛和缨饰，斜挂饰有圆形贝饰的各种胸片、象牙项链和鼻饰。

“当一位皮马族的战士杀死一位阿帕契族的人后，他必须进行一种极严厉的净化和赎罪仪式。在连续16天的斋戒中，他被禁止接触肉类和盐、凝视燃烧的火焰和与人说话。他独自一个人居住在森林中，由一老妇人提供少量的食物并照顾他。他必须时常在河流中洗澡，同时(为了表示哀悼)在他的头上涂满灰泥。直到第17天的时候，族里的人们才为他和武器举行一个隆重的净化仪式。”

由于皮马族人比他们的敌人更严肃地对待杀人禁忌，并且从不像他们的敌人一样，将赎罪和净化放到打仗结束之后进行，因此他们的道德严格性或虔诚（如果喜欢用这一术语的话），严重地挫伤了他们的战斗力。尽管他们勇猛无比，美国人仍然感到，在攻打阿帕契人的战斗中，他们是很不理想的同盟者。

无论杀敌后的各种赎罪和净化仪式对进一步深入探讨这个

问题有多大的意义，我现在都不想再接着往下谈了，因为就当前的目的而言，它们已没什么新内容了。我也许还可以提一下，至今仍可见的将职业刽子手暂时或永久隔离的做法，也许与此有关。

在对抚慰、限制、赎罪、净化以及所有其他禁制的公认的解释中，兼存两条原则。禁忌从遭杀戮的人延展到这个人曾接触过的一切，以及对被杀者鬼魂的惧怕。这两个因素又是如何被结合在一起并用来解释这些仪式的呢？它们是被认为具有同样的价值，还是其中的一个因素首要，另一个次要呢？如果它们真是以这些方式结合在一起的话，那么哪一种方式（抑或两者都没有）得到了解答？说实在的，要找到一个答案是难上加难。不过从另一个方面讲，还是可以强调一下我们观点的统一性：是从原始民族对待敌人的情感矛盾的角度，来引申出这所有的禁忌的。

藏传佛教图腾面具

2. 对统治者的禁忌

在原始民族中，一位统治者“不仅要受保护，同时也必须受到监视”，这种互补的观念常常决定了族民们对他所持有的态度。这种保护和监视都是由一连串的禁忌来执行的。我们经由上面的讨论，早已知道统治者受监视的原因。这是因为他们具有一种危险且神秘的力量，这种力量能够经由如同电流一般的传递方式，去破坏或杀死任何不带有这种力量的人。如果对这种接触无法避免，那么就须举行某种仪式以消除这种灾难。例如，东非的奴巴族，“相信进入国王房间的人将注定死亡，而对于这种侵犯，只有让国王的手放在袒露的左臂上面才能得救”。在这里，我们知道了一个啼笑皆非的事实，即接触国王所犯的禁忌竟然得由国王的接触来加以治疗。国王的被人所触及和治疗病人的能力，在被动和主动之间存在着一种极微妙的关系。

人像图腾柱

除了原始社会，在其他时代也有这种利用神圣触摸的方式来治病的方法。在并不太古远的时代，英国国王就一直为他能治疗一种叫“国王的恶魔”的病而骄傲。伊丽莎白女王非常喜欢使用这种神圣的力量。听说查理一世曾经在1633年治愈了100位病人。到了他那放荡的儿子查理二世复辟时代，人们对这种治病的迷信达到了高潮。在他的王朝里，他曾经治愈了上万的人民。可是，由于请求治疗的民众太多，有一次竟然有六七个病人因拥挤践踏而死亡。到了取代斯图亚特王室而成为英国国王的威廉时，由于他怀疑基督教教义便拒绝了这种神秘的治疗方式。只有一次例外，他被人要求将手放在病人身上并说：“上帝赐给你健康。”

新几内亚的漆木庆典盾牌壁挂

下面的故事都证实，有意或无意的主动接触国王和他的所有物所产生恐怖的结果。“在新西兰，有一次，一位国王在吃完饭后将残肴弃置在路旁。就在他刚走不久，一位饥饿的奴隶发现了这些剩菜，于是，他没问清楚即囫囵吞下。就在这时，一位惊恐的旁观者告诉他，那些食物乃属于一位国王的。”本来，他是一位强壮且勇敢的青年，可是“当他听完了这恐怖的消息后，全身开始抽筋且胃部发生激烈的绞痛，这种症状一直延续到当天傍晚，不治死亡”。

“一位毛利族妇女在吃了来自某个被禁忌地方的水果后，人们宣称：她将被杀死，因为她已冒犯了国王的神圣灵魂。这件事情发生在下午，就在第二天中午，人们发现她已经去世了。”

“有一次，一位毛利族酋长的打火匣就曾经杀死了好几位族民。事情是这样的，有几位毛利族人捡到了这位首领丢失的打火匣，并用它来点燃烟斗。当他们闻知匣子的原主人时，个个都吓死了。”

从上面的例子，我们可以想象为了社会安全的理由，这些

中美洲神话插图：特拉佐透特尔（Tlazolteotl，污秽女神）是生育女神，也是性欲、无度和罪恶女神（《梵蒂冈抄本 B》插图）。

领袖和僧侣们必须加以隔离——也就是在他们周围设置障碍使人难以接近。而这种用来制止禁忌感染的方法，也就渐渐地演变成为现在所通行的宫廷仪式了。

不过，这种禁忌的主要部分可能并不是来自对统治者们的预防，对于这些尊贵人物采取特殊措施的另一个理由——防止被他们恐吓或暴力所伤害，才是禁忌和宫廷礼仪的重要组成部分。

之所以有必要保护君王不受可能的危险的危害，是因为对其臣民而言，无论是祸是福，他都是极为重要的。“人们必须感谢统治者赐给他们雨水和阳光以使地上的水果生长，赐给他们风使帆船驰抵海岸，甚至于赐给他们能够安置双脚的大地。”

野蛮民族的统治者具有某种赐予幸福的权力和能力，而这一特征通常只有神明才具有，在稍后文明发展的各个阶段中，也只有那些奴颜婢膝的朝臣才会虚情假意地吹捧其主子具有这种权力和能力。

也许，我们会对这些具有无限权力的统治者还需要那么严谨的保护来防止被人所伤害而感到奇怪。而且，这种对待尊贵领袖的方式也并不是野蛮民族唯一矛盾的地方。因为这些民族同时觉得需要监视他们的国王，以确定他是否有效地行使其权力。虽然他们自以为绝对相信领袖的人格，可是在围绕着他的禁忌仪式中，我们可以发现还有不信任的成分存在。“像我们所误认为的，在早期的专制政体中，民众是为统治者而存在的，这种想法是不确实的。”弗雷泽写道：“相反，统治者是为了民众而存在，他的生命价值只有当他处于那个位置以控制自然并

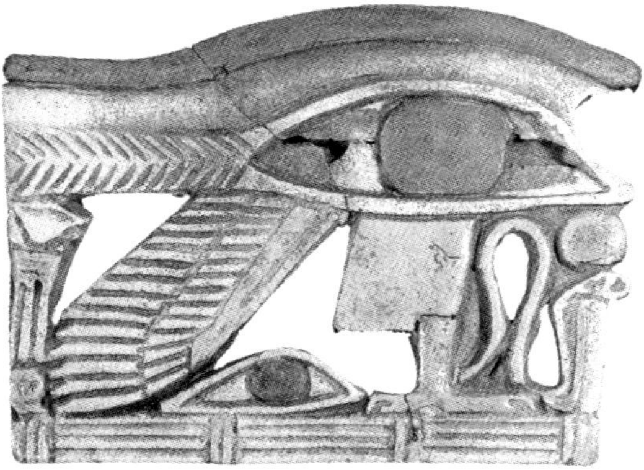

“何露斯之眼”，又称“拉的眼睛”。作为鹰神何露斯与太阳神拉合一体之眼，是古埃及著名的护身符。何露斯眼睛上的各部分，常常被古埃及医生用来表示药量的多少。

造福民众时才能得到体现。只要他失去了这种能力，那么，所有对他的照顾、忠心和特权都将突然地离他而去。同时，对他的向心力也将变为一种怨恨和诅咒了。他被羞辱地罢免，生命能够勉强保全已经是极为幸运了。一位统治者在某一个时刻里能够像神一般地享受特权，可是，在下一个时刻里，他也可能像罪犯般地被处死。这种突然的改变与他的地位有关。他们认为统治者就是他们的神和守护者，如果他不能胜任这种神圣的责任时，那么他必须退位给具有这种能力的其他首领。他只要能够不断满足族民的要求，那么就可继续履行他的义务。所以，一位统治者常被困扰在一连串的仪式中。这些细密的禁忌目的并不是在增加他个人的威望或使他过得舒适，最重要的是在于限制和防止他破坏自然的和谐，从而导致全族的祸害。这些限制不只控制了统治者的自由，同时也干扰了他的私生活，所以，这些仪式只不过是代表族民对统治者提示他的责任和对他表示深深的同情。”

“在早期日本的天皇时期，就发生了以繁复的禁忌来控制统治者的最明显例子。根据200年前的报告，天皇‘认为以脚踏地对他的威望和神圣是一种严重的侵害，所以，他必须让人扛着走路’。他甚至不能将身体暴露于室外，因为阳光照到天皇的头上仍然被认为有损他的尊贵。天皇身体的任何部分都是神圣不可侵犯的，他不能任意修剪头发和鬓须，甚至于指甲。为了防止太脏，人们只好在夜晚当他熟睡后才小心地对他加以清洗。他们认为只有在熟睡后的清洗才不至于妨害他的威严和圣洁。在古代，他甚至被要求每天早晨戴上皇冠静坐在王座上数小时，就像石膏像一样凝固不动，因为他们深信只有保持静止才能保证王朝的和平。如果他的头转向某一个方向，或者不停地注视领土的某一部分，那么就表示国家将遭受战争、饥荒、火灾和其他极端不幸的祸害。”

有些民族加于统治者的禁忌和他们对谋杀犯的处罚有很多相似之处。例如，在西非的下几内亚，僧王独居在森林里，人们禁止他接触妇女或离开房间。事实上，他甚至不能离开座椅而只能坐着睡觉，因为人们认为只要他躺下来，那么，风将静止，而航行也将受阻了。他负责调节气候，他通常总是使大气压力保持一个正常而舒适的状况。在洛安格，国王的禁忌繁杂的程度刚好和他的权力成正比。对于王位的继承人则往往从小即被加以这些禁忌，而禁忌的数量则随着年龄的增长而递增，等到他正式继位时，他也差不多被这些禁忌窒息而亡。

我认为我们没有必要继续描述与国王和僧侣们的威严有关的禁忌。我只想再说一下在禁忌中发挥着主要作用的，是那些

古埃及辟邪的护符，用于保护即将分娩的孕妇和胎儿。

在行动自由和饮食方面的种种限制。现在，让我们来看看，两个属于文化素质比较高的民族加诸统治者身上的禁忌仪式。

古罗马人就曾在当时最伟大的太阳神祭司身上强加了无数的禁忌，他“不准接触或骑上马匹，不准看见别人携带武器，不准戴上完好的戒指，不准在外衣上打任何结饰……不准接触面粉或发酵的面包，不准抚摸或甚至叫出山羊、狗、生肉、豆类和常春藤之类的名称……他的头发只能由自由人（非奴隶）以青铜制成的剪刀加以修剪，同时，剪下后的头发和指甲必须被埋藏在幸运树底下……他不准接触死人……不准将身体未经遮盖而暴露于室外”等等。“他的妻子，除了受到相似的禁忌外，还要加上其他的禁忌：她不准在那种称为希腊式的阶梯上连跨三级，不准在某个特殊的节日梳理头发，她的鞋子不准用

自然死亡的动物皮，而必须利用献祭杀死的兽类的皮来制作；如果她听见雷声，那么她将成为禁忌，除非她奉献出用以赎罪的祭品。”

巴勒米巴勒神殿三神，公元 1 世纪，浮雕，藏于叙利亚大马士革博物馆。三神为：叙利亚的天神和雷神（中）、月神阿格利伯（左）、太阳神玛拉克别（右）。

古爱尔兰的国王曾经被加以许多有趣的禁忌。要是这些禁忌都被一一遵守了，那么所有的祝福将降临整个国家；可是如果破坏了它们，那么国家将面临无数的灾难。这些禁忌完整地记录在《权利宣言》里面。这部书最早的两次手抄本可追溯到 1390 年至 1418 年间。这些禁忌详尽备至，包括了在某一个特殊时间、特殊地点所从事的特殊行为。例如，国王在一星期的某一天不准停留在某一个市镇里，不准在一天的某一个时辰跨过某一条河流，不准在同一平原上连续扎营 9 天，等等。

许多野蛮民族加诸统治者身上的禁忌，具有重要的历史性的意义。在原始社会里，统治者的权威并不是一种令人向往的象征，那些被指定为统治者的人们常想尽办法来逃避人们的拥戴。例如，在柬埔寨有水火王的地方，人们常常强迫王位继承

浑身上下涂满图腾纹案的“蛇人”部落

人接受王位的荣耀。在纽埃或野人岛（南太平洋上的一个珊瑚岛），他们的君主政体被迫取消了，因为没有人肯担任这个危险的职务。“在西非的某些地方，当国王死后，常举行一种秘密的首脑会议来指定王位的继承人。被指定为继承的人将突然被人挟持而禁闭在房间里，一直等到他同意接受王位为止。有时候继承者经常用各种借口逃避这种被赋予的权力。相传有一位凶猛的首领就全身布满了武器，断然地拒绝了任何尝试以暴力将他塞向王座的企图。”“在狮子山国的土著人就曾因为族民拒绝当国王的力量太强了，以至于族里的人民只好选择异族来当他们的国王。”

弗雷泽将这些情况总结后，认为在历史的进化过程中，原初的僧王（上古时代为政教合一——译注）的权力慢慢地分化为精神上和世俗性的权力。国王，由于他的地位太神圣崇高了，所以他不能参与日常事务的处置，因此，大权旁落于那些不具王名（他们也乐得不要君王之荣耀）而具有实权的人士的手中。

这些掌握实权的人也就无形中成为暂时的统治者了。至于前面所说的精神上的领袖仍然存在于被加以禁忌的国王身上。这种演变方式，我们可以在悠远的古代日本史中得到证实。

北美洲土著的萨满（Shaman），穿上治病装扮的熊皮，身上挂满蛇皮和其他护身符。

我们能够很容易地用精神分析学的理论对原始民族和他们的统治者之间的关系做更进一步的了解。这类关系是矛盾和复杂的。统治者享有最高的荣耀，这可由人民对他的禁忌充分显现出来。他们是可从事或享有一般人列为禁忌事物的尊贵一群，然而，针对他们的自由，我们将发现他们同样被一般人能幸免的禁忌所控制。

到目前为止，我们可以看到第一个强烈的反差（几乎是一种矛盾）：在一个人身上同时被赋予较大的自由和较严厉的禁忌。人们认为他们拥有神秘的力量而使人不敢侵犯他的身体或财物，可是另一方面，所有的利益又都是经由类似的接触而来。整个过程初看似乎充满了矛盾，不过，只要稍加研究我们将发现一个有趣的事实：由国王采取主动的接触是具有治病和保护的功效，而所有认为危险的几乎都是那些非法接触国王和他的所有物的行动，也许，这些行动会引发人民侵犯性的冲动。另外一个难以解释的矛盾就是：统治者既被认为对自然界的一切事物具有强大的力量，奇怪的是他居然需要严密的保护，就像他的无限力量无法保护他自身的安全一样。更令人惊奇的是，人们怀疑统治者是否有效地使用了他的魔力，因此，便采取了监视的方式。加于统治者身上的所有禁忌仪式，都是针对他自身的安全和防止他伤害人民这两种目的的。

也许，以下述的方式来说明野蛮民族对待统治者的复杂态度是恰当的。基于迷信或其他因素，使族民们因心里不同的冲动而对国王产生了不同的表达方式。每一种冲动又常独自转化成一种独特的表达方式，于是，各种矛盾现象就得以产生。说来也凑巧，这种存在于野蛮社会的冲突居然和高等文化社会中所崇信的宗教信仰或“忠诚”一样，很少为人所怀疑或受到困扰。

在（非洲）瓦所的芳蒂人村子里的保护神，芳蒂人（Fanti）特别相信灵魂。他们主要的物神崇拜就是向灵魂赎罪和寻求保护。自然界最重要的东西都可能是物神，此外还有用木头或其他材料做成的物神，图中是一典型的形态奇特的物神。

我们可利用精神分析学的技术慢慢地剖析这些包含于禁忌

中的各种冲动。如果我们对记录的事实加以分析，将惊奇地发现，它们就像构成神经症的部分症状一样。在禁忌仪式中，我们发觉有一种过分忧虑情绪的存在。这种过分的忧虑在神经症中是一个很普遍的现象，尤其是对于强迫性神经症的病人，这也是我们一直在做研究的重心所在。我们早已洞悉了强迫性神经症的原因，在那些病人的心里除了具有优势的情爱之外，同时在潜意识里还并存一种敌视的感情。这种感情构成了典型的矛盾情感状态。由于敌对感情被情爱的无限增强所压抑，于是，它产生了忧虑和强迫性的动作，因为它必须不断地与被压抑在潜意识里的那种敌对感情抗争。每一位精神分析学家都很清楚地从研究中为这种过分忧虑的情爱找到证明，就如母亲和儿女或者热恋中情人的过分情爱关怀一样。要是我们把这种看法延伸到对统治者权威的解释上，将发现人民在对他崇拜并偶像化的同时，还附带了一种强烈的敌视。这也正是我们一直想找出的矛盾情感现象。由于对统治者不信任而施所的禁忌，其实也是潜

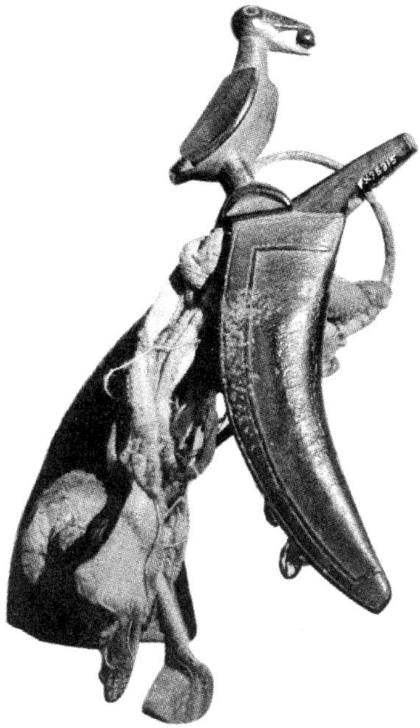

刚果文物：裂缝的锣 / 带有填充物的魔力号角。它是充满魔力的护身符，更是神圣的乐器。

意识里敌视的一种表现形式。实际上，这种类似的冲突我们早已在前述的例子中明确地讨论过了。我们从弗雷泽的书中得知，狮子山国的野蛮民族“在推选国王后的加冕当晚，保有鞭打他的权利。这种传统的表示善意的方式，有时候常使恐惧的国王在登上王座后不久即死亡。所以，当他们讨厌一个人或想摆脱他时，即推戴他为国王”。不过，即使在这种明显的例子里，敌视仍然必须借着仪式来进行。

国王与王妃（古埃及雕塑，藏于波士顿美术馆）

受害妄想是神经症中一种很普遍的现象，它总是在一个原始民族对统治者的态度中表现出来。在这种病人的思想里，常将某一个人的能力加以夸大，并提高他的权力到一种不能想象的程度，这样可以使病人对许多不满意的事物和经验很方便地推到他的身上去。原始民族对待他们的领袖正出于如上面所说的方式，他们将领袖看成能呼风唤雨、调节气候，然后又常借着大自然（天）的不尽如人意（他们将狩猎或收成不好归罪于大自然的愤怒）而将他罢黜或处死。他们的这种幻想方式，正如儿子与父亲之间的关系一样：儿子们对父亲的能力常估计过高，而且在不信任中夹带了钦慕。当一位妄想症的病人将某个熟人视为“迫害者”时，他将这个人抬举到父亲之列，将这个人置于要对自己的一切不负全部责任的位置上。因此，野蛮民族和神经症之间的第二个相同之点是：大多数野蛮民族和统治者之间的关系是一种小孩对待父亲态度的转化。

不过，禁忌仪式本身就是把禁忌和神经症之间列为相似的最有力的支持。这些仪式无疑使我们了解到它的双重意义和那种情感矛盾冲动的延伸。它们不仅将国王提升到远超过一般人的地位，同时，也使他的存在和所负的责任变成一种难以忍受的折磨。在这里，我们很高兴地发现了和强迫性神经症相同的两种冲动的对立性。强迫性的动作"表面上"是就我们意识部分来说，而"事实上"则是就深藏于潜意识部分而言的。就如同加于国王身上的禁忌仪式，"表面上"看来是最高的荣誉和具有保护作用，可是，"事实上"它是一种对他凌驾于他人之上所做的惩罚，一种全体族民对他的共同报复。我们可以由塞万提斯笔下的桑丘·潘萨统治岛屿时那种宫廷式的繁复性来加以证实。如果我们有机会听到现代的国王和统治者对这个问题

《圣礼的辩论》，拉斐尔圣奥，罗马梵蒂冈签字大厅。

的议论，我们将发现有许多人赞成这种说法。

一个极有趣的问题，就是为什么人民对统治者在潜意识中带有敌视的感情成分，只是它已超出我们讨论的范围了。不过，我在前面已经提到过的一种小孩的父亲情结（father Complex）与这个问题有一定的关系。只要我们再稍加探讨即可以了解早期王位进化的过程了。弗雷泽已经给了我们一个暗示性的理由，虽然他本身并没有确切的证明：早期的国王大多是由异族担任，而且在经过一个短暂的统治后，即被当成祭神中神圣礼仪上的牺牲品了。同时极可能的，这种王位的演变方式对后来的基督教神话产生了很大的影响。

3. 对死人的禁忌

我们都知道死人是一种奇异的统治者，可是，我们又不禁对人们如同处置敌人般地去对待它而感到惊讶万分。

如果我们仍用传染做比喻的话，那么加于死人的禁忌，在最原始的民族中具有强烈的传染力。这可以清楚地从他们对待死人和守丧者的方式中看出来。

在毛利族人中，任何人接触或在葬礼中触摸到棺木都被视为极端不洁。人们将阻止他与他人交往，不但不允许他进入所有的房间，也不准接触任何人或东西，因为那将带来传染。甚至禁止他以手拿取食物，因为人们惧怕由于他的不洁会使食物失去了食用价值。“食物被放置在地上，然后，他坐下或者蹲着将手反放在背上以口尽可能地咬嚼食物。在有些例子中，是由别人用一种特殊的方式来喂食，整个过程保持在严格的不接

神像图腾

触状态。可是，喂食者本身也将遭受许多严厉的禁忌。几乎在所有人口稠密的乡村里，总住有一些人群中的卑微者，他们以服侍丧葬者所得到的微小报酬而生活。”他被允许“与在葬礼中接触到死者而被隔离的亲属住在一起。当隔离结束以后，哀悼者重返社会，而他在隔离时用过的所有杯盘都必须打碎，同时所有穿过的衣服也要小心地焚毁。”

对与死人接触的禁忌限制，在整个波利尼西亚、美拉尼西

古希腊葬礼仪式：男子举手向死者告别；妇女为死者做殡葬准备，并边哭泣边撕扯专门剪短的头发以示悲痛。

亚和非洲的一部分都相同。它们有一个最普遍的共同点，即禁止接触者自己取食食物，他们的所有饮食必须由他人代劳。在波利尼西亚（也许报告里所称的可能仅指夏威夷），一个有趣的事实是，僧王在行使神圣的仪式时竟然也受到了同样的禁忌。在汤加，对死人禁忌的严重性则与他的身份和地位成正比。依照规定，任何接触到死亡领袖的遗体的人，将被认定在10个月内都是不洁的。但是，如果接触者本身也是首领，那么他只有

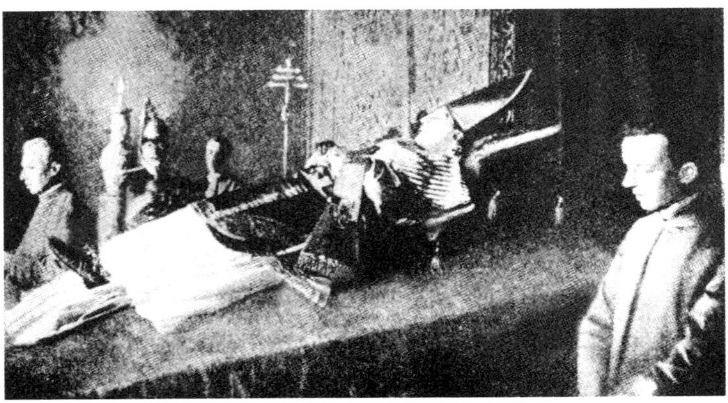

罗马一位教皇去世的礼仪。身着全套主教服饰：圣带、法衣、手套、披肩、戒指、十字塔和金主教冠。教皇本·尼迪克特15世的遗体放在梵蒂冈的觐见室里，准备运往圣彼得教堂的圣礼室。

3 个月—5 个月的不洁期，这主要是依照死者权力的大小而定。不过，要是死者是“神圣的领袖”，那么，即使是最伟大的首领也将遭到 10 个月的禁忌。这些野蛮民族认为，任何对禁忌的触犯都将使人生病和死亡。事实上，他们对这种想法的坚信不疑，就如同一位观察者所说的：“没有任何一位土著人想过用其他手段来证明它的错误。”

分别绘有飞鸟、鸟头鱼尾、蜥蜴图案的美洲明布雷斯（Mimbre）陶碗。这是奉献给死人的随葬品，碗中央穿有一个洞，在宗教礼仪上指“被刺死”。

在本质上，死者的亲属和未亡人这些以隐喻方式和接触死人的人也会遭受到同样的禁忌。到目前为止，我们所了解的禁忌仅限于它的毒性和传染力。下面，我们将开始讨论禁忌的原因——外在和深藏于内部的实质。

“在不列颠哥伦比亚的舒什瓦普人居住的地方，寡妇与鳏夫在服丧期间被禁止触摸自己的头和身体；也禁止别人使用他们用过的茶杯和炊具……狩猎者得避免走近他们，因为他们被认为是不祥的象征。如果他们的背影落在某一个人身上，那么他将很快病倒。他们以树枝为枕头……并且将它们围绕于床沿。”这种做法被认为可以将死者的鬼魂隔开。在北美的部落里，我们可以更清楚地看到为这个目的而创立的许多禁忌：在丈夫死后，“寡妇必须穿着由成簇杂草做成而围于下体的装束数天，以防止丈夫的鬼魂与她性交”。由这种隐喻接触的观念中，我们将发现，他们认为死人的灵魂在丧葬期间仍然不断地活动在亲属周围而未曾离去。

“在菲律宾西南部巴拉望岛的阿古塔亚诺人中，一位寡妇在丈夫死后的7天—8天中被禁止离开居住的茅屋。在这期间，她只能选择没有人的时间外出，因为所有看到她的人将突然死亡。为了避免这种悲剧的发生，她必须在行进的途中以木棍敲击树木来警告人们躲避，而那些树木在被击后即将枯死。”禁制寡妇鳏夫的事实还有下面几个例子。“在英属新几内亚一个叫墨克奥的地方，鳏夫将失去所有的权利而成为社会的流放者和人们惧怕、躲避的对象。他不准栽植花木，或者出现在公共场所，或者在道路上行走。他必须像野兽一样隐藏在杂草和树丛中，如果他听到人们走近的脚步声，尤其是妇女，他必须躲进树后或丛林中。”由最后面所提到的例子，我们很容易地即可看出鳏夫和寡妇所具有的危险特质——受诱惑的危险。一位死了妻子的丈夫必须抵御另寻新欢的欲望；同样的，一位寡妇也须抗拒想找寻另一位男人的欲望。类似这种取代的期望与丧葬期间的悲哀气氛相抵触将不可避免地引起鬼魂的愤怒。①

在丧期，人们被禁止呼叫死者的姓名，这是一种最令人困惑和让人深思的问题。这种风俗几乎是普遍性的，它们各以不

---

① 在前面与禁忌的比较中，我讨论到那位病人的“无法令人容忍”时，她曾告诉我，不管什么时候，只要她在街上看到穿着丧服的人，她都对他感到愤怒，她想，他应该被禁止外出。

分别绘有戴头盔的神秘舞者、几何图案、鱼和鸟、鱼图案的美洲明布雷斯（Mimbre）陶碗。这是奉献给死人的随葬品。

同的形式表示出来，不仅在澳大利亚和波利尼西亚（他们是禁忌仪式最完好的保持者），同时，还可见于“彼此相距遥远的民族，如西伯利亚的撒摩耶族和南印度的托达族，鞑靼地方的蒙古族和撒哈拉地区的图阿雷格族，日本的虾夷族和中非的阿坎巴族及南迪族，菲律宾的廷古安族和尼古巴岛、婆罗洲、马达加斯加和塔斯马尼亚等地区的居民”。在某些地方，禁忌则仅限于丧葬期，可是有些地方却是永久的。不过，它们的严格程度也将随着时间的推移而逐渐减弱。

不能提及死者的名字是一种很严厉的禁忌。在南美的某些部落里，当着亲属面提起死者的名字被认为是对未亡人的最大不敬，对此的处罚方式就像对待谋杀犯一样。也许我们一时很难想象，为什么提及死者的名字竟然被认为那么严重，可是，我们可以由他们为了躲避这种禁忌所采用的方法，慢慢地看出一些有趣的事实。在东非马赛族人中，当一个人死后即被换上新取的名字，这样，人们可以随便地呼叫他，因为所有的禁忌仍然附留在原来的名字上。这种做法似乎是假定鬼魂不知道且无法知晓他的新名字。在南澳洲的阿德莱德和恩康德巴依族人中，当族里某一个人死后，每一个人都很谨慎，所有和他名字相同或相似的人都将另取新的名字。在维多利亚和西北美洲的某些部落，这种现象更进一步为人所实行。当一个人死后，所有的亲属不论名字相似与否全部改用新的名字。事实上，在巴拉圭的圭库兽族人中，当有人死亡时，统治者就将部落里所有人的名称都改了，然后“从那时候开始，每一个人记住了他的新名字就像他刚出生时的命名一样”。

甚至有些部落，还会将那些刚好与死者名字相同的某些动物或物品改变名字，以避免引起对死者的回忆。这种语言上的转换，对传教士来讲是一个很大的困难，尤其当这些改变是长期性的时候。传教士杜布里佐夫停留在巴拉圭阿维波内的 7 年中，“加格娃（一种美洲虎）的名称就改换了 3 次，鳄鱼、荆棘和屠牛场等词改换得则较少”。对于称呼死者名字的禁忌，事实上，一直推广到避免提及与死者有关的事物上。在这种压抑的过程中，由于缺少传统或历史演变的详细记载，所以在追寻它们早期历史的研究中，使我们面对了很大的困难。有些原始民族渐渐习惯于对死者做一种补偿性的措施，即在很长一段守哀期之后，将死者的名称命名给小孩，以视如死者灵魂的重生。

如果我们认为野蛮民族将名字当作人格不可缺少的一部分和个人重要的所有物，那么对于加在名字上的禁忌就比较容易理解了：他们对名字的态度就像对待东西一样。正如我在其他

活人祭祀——用来祭祀神灵或其他神物。人们通常以杀人来乞求超自然力量和权利。这种习俗常常出现在古代，并且在多个领域中发扬，如因杀人仪式而恶名昭彰的玛雅文化和阿兹特克文化——一些人将这两种文明视为这种恐怖习俗的本源。人们认为受害人的死亡仪式是为了取悦神灵、安抚灵魂的方法。受害人为囚犯、婴孩或纯洁的处女，他们遭受悲惨的命运——焚烧、斩首、活埋。

方面曾经讨论过，我们的小孩子也保有同样的观念。他们无法接受一种两个相似的字句竟然会没有关联的想法：坚信这两种东西既然具有发音相似的名称，那么，必然有某些共同的特性隐藏在它们的背后。甚至在文明化的成年人中，我们仍然摆脱不了那种将名字视为人格一部分的想法。因此，我们可以由精神分析学来证明名称在潜意识心灵活动中所占有的重要地位。

正如我们所推论的，强迫性神经症病人的行为就像野蛮民族对待他们的名字一样。他们对于提及某些特殊的字眼或名字

草纸本：古埃及《死者之书》（片段），公元前13世纪中的第十九王朝，收藏于开罗博物馆。图中女性死者匍匐于丰饶之神鳄鱼索贝克（Sobek）之前，祈求它唤起尼罗河的洪水。

具有强烈的“错综性敏感”[①]。而且，他们给自己的名字加上了许多严厉的禁忌。我所认识的一位女病人曾经立下一个奇怪的规则，拒绝书写自己的姓名，因为她害怕那张写上名字的纸张落到别人手中后，她人格的一部分将被他人占据。她必须不断地与这种幻想争斗来维护她人格的完整。这种争斗，首先由她的名字开始，接着涉及书写，最后她终于干脆什么都不写了。

只要我们弄清楚野蛮民族仍旧将死人的名字认为是属于死者的一部分人格时，那么对于那些加于其上的禁忌，我们就会

① 错综性敏感（Komplexempfindlichkeit），荣格（Jung）在字句联想实验中所用的名词。

理解了。因为提及死者的名字，很明显，这是一种与他接触的暗示。接着，我们来继续讨论一个更大的难题：为什么那种接触被加上严厉的禁忌。

对于这个问题，我们可以这样解释——他们看到人死后所产生的突然改变而引起恐惧。另一个理由则是对死者的哀悼，他们怕触到与他有关事物的联想而引起感伤。可是，对于哀悼

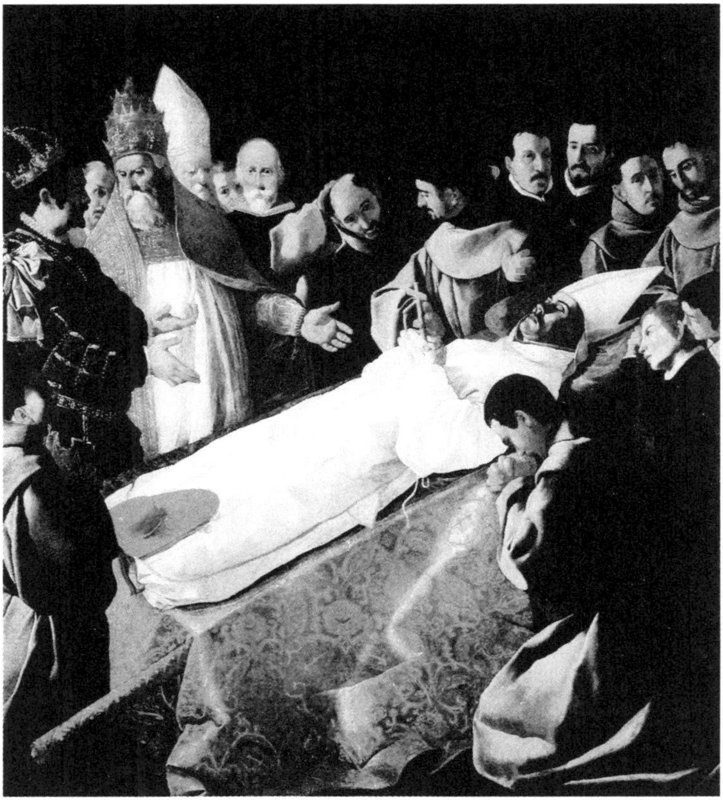

《圣布埃那万图拉的葬礼》，胡塞佩·德·里贝拉，巴黎卢浮宫。

时不准在亲属面前提及死者的名字就很难理解了。从理论上讲，哀悼应该是对死者的一种追思，也就是尽可能地保留对他的记忆。所以，我想除了哀悼以外一定还有某些其他的因素构成这些禁忌。但是仅从加在名字上的禁忌，我们实在无法了解这些未知的因素，也许我们只好直接从野蛮民族在哀悼中所讲的话中寻找线索了。

野蛮民族举行一连串的仪式来防止死者灵魂的接近，是因为他们对死者灵魂返家的恐惧。[①]他们认为只要提及死者的名字，就等于在召唤他，他将很快地随着出现。[②]所以，他们尽一切可能地避免类似的叫唤。他们开始伪装自己以使鬼魂不认识，改变死者或自己的名称，他们对于陌生人提及死者的名字而引起自己对亲属注意的这种做法感到极端愤怒。[③]由上面所说的我们可以得到一个结论，就如冯特所说的，他们害怕成为已变为恶魔的死者灵魂的牺牲品。在这里，我们又对冯特的观点做了进一步的证实，禁忌的核心，正如我们前面所叙述的那样是对魔鬼的恐惧。

不过，这个理论仍然提示了一个令人难以相信的假设：一位亲密的亲属在死亡后灵魂转变为魔鬼的刹那，他的未亡人对他所能做的竟然只是强烈地敌视，而且想尽一切办法来躲避他以保证自身的安全。即使如此，大多数的专家对野蛮民族仍旧持有和我们相似的观点。就我的观点来说，虽然韦斯特马克对

---

① 弗雷泽曾提及居住在撒哈拉地区的图阿雷格土著人对此的解释。

② 这可能和死者遗体的某部分尚存在的情形有关。

③ 这也是上面曾提过的，在某些部落里，这个陌生人将被处以谋杀罪。因为这种引发只能对鬼魂所认识的亲属产生祸害，而陌生人则不受殃及。

禁忌的研究太少，可是，在他的《道德观念的起源和发展》一书中几乎从未论及禁忌。但事实上在“对死者的看法”的一章中，他写道：“从我所搜集的资料来看，大致说来，死者被视为敌人的远多于朋友，可是，杰文斯(Jevons)教授和艾伦(Grant allen)先生竟然断言死者的恶意仅是针对陌生人而发，对于亲属中的生存者、子孙和同氏族的人，他将保佑并赐福于他们。我想这是一个明显错误的观点。”①

18 世纪素描，南太平洋地区脸上刻有乘船图腾纹身的毛利族武士。

鲁道夫·克兰保罗（Rudolf Kleinpaul,1898）在一本有趣的书中，就曾经根据文明人对灵魂运动观念所保留下来的传说，对生存者与死者之间做了一个睿智的比较。很令人惊异的是，他竟然也得到了一个相似的结论：死人，充满了谋杀的念头。他们常常试图拖走坐在车上的活人。死人们不断地在四周围绕，

① 韦斯特马克曾经提供一个充分的证据：“在毛利族人中，当最亲近和喜爱的亲属死亡以后，他的鬼魂被认为变成恶魔，甚至对他从前喜爱的人也怀抱恶意……澳大利亚的土著人相信一个人死后，他的恶意将保持很久，而与他愈亲近的人将感到愈大的恐惧。……在爱斯基摩人中所流行的一种观念认为，死者的灵魂怀抱着恶意围绕于村庄的四周，经由接触来使人致病或死亡。但是，经过一段时期后，人们就认为他们开始休息而不再恐惧了。”

那些我们今天所常见的骨骼标本都曾经被视为谋杀者。活人们觉得无法防止死人的侵害，除非彼此之间隔着水。这也是为什么人们喜欢将死人埋葬在岛上或者在河流对岸的原因。稍后，死人的恶意慢慢减弱，只有那些具有特别愤怒理由的死者仍然保持着恶意，例如，被谋杀了的死者和心愿未了的新娘等。可是，在本质上，克兰保罗指出，所有的死人都是吸血鬼，他们嫉妒活人，所以一直在寻找伤害活人性命的机会。这也是从死人尸体上首先产生恶魔概念的原因。

虽然我们做了很多的研究，可是，关于最亲密的人在死后会变成恶魔的理由却又使我们更加迷惑不解了。什么因素促使野蛮民族做了这种情感上的转变？为什么他们要将死者视为魔

非洲俘虏：黑人和野蛮人，埃及阿布辛比勒（Abou Simbel）壁画，法国埃及学家让·法兰西斯·尚波里庸（Jean Francois Champollion, 1790—1832），法国巴黎 Carnagvalet 博物馆藏。

鬼？韦斯特马克对这些疑问做了明确的回答："死亡，通常被认为是不幸中的最不幸，尤其是死者对他的这种命运更感觉不满。按照原始的观念，一个人只有在'被杀'的情况下（暴力或神秘力量）才会死亡。因此，这种非志愿的死亡促使死者产生暴躁和充满报复的行为。除了对活人的妒忌外，再加上对老朋友的怀念，于是，他开始降祸（疾病）使他们死亡。……可是，那种将脱离了肉体的灵魂视为魔鬼的想法，无疑是和对死人的

身穿战袍的坦噶尼喀边境的勇士。坦噶尼嘻位于北罗得西亚的东北部，以前德属东非有不少野蛮部落（主要属班图族）还在该边境地区打猎，班图人（Bantu）善于使用自制的毒长矛，打仗时戴上巨大的帽子，这使他们的高度增加，外貌更加可怕。

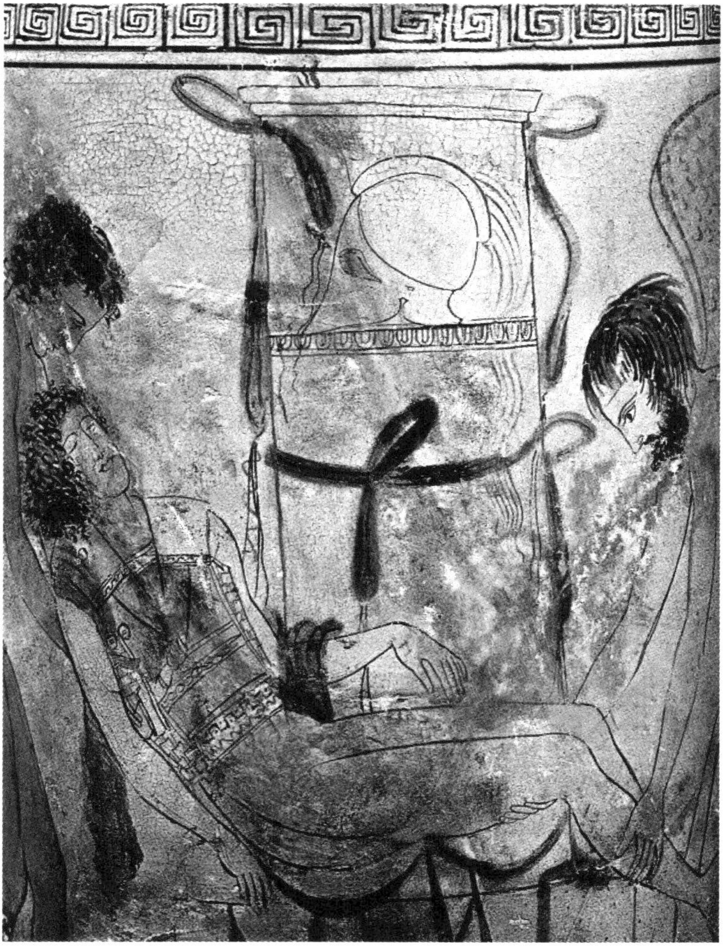

约公元前 450 年的古希腊装饰瓶绘：“睡眠”与“死亡”抬着一个死人，死者的勇士头盔放在醒目的位置上。

本能恐惧有关，这也是害怕死亡所产生的必然结果。”

我们对韦斯特马克的这种推论经由神经症的研究之后，就有了更进一步的说明。

当一位妻子死了丈夫或女儿后，有一部分人会开始被一种顾虑所困扰（我们称这种现象为强迫性的自责）。她被怀疑是否由于她的某些不小心或过失而导致了他们的死亡，整个过程既没有过分怀念死者的那种记忆，也没有对这种控诉做客观否定的证据，所以，她一直处在尖锐的矛盾和伤感之中。这也许可以称之为一种病态性的哀悼，可以随着时间慢慢地消逝。通过精神分析学的方法，我们洞悉到了这类失常状态下的神秘动机。我们发现在这两种强烈的冲突中存在着一个特殊的念头，哀悼者并不如她在强迫性自责中所声称的那样，正在为他们的死亡自责或者为自己的疏忽而感到内疚。在她的心中存在着某些念头（一种潜在的希望），对死亡的发生并不感觉失望甚至有着某些期待。然而，就在死亡发生的“瞬间”，这种潜在的希望经由反向作用而变成了自责。差不多在每一个对某个人过分亲昵的例子中，我们都可以在他的潜意识里发现有敌对情绪存在。这也是人类情感矛盾的最传统的典范。这种情感的矛盾或多或少地存在于每一个人心里，正常情况下，它们不会发展到引起强迫性自责的情况。因为它们被覆盖在亲密的关系之下，很难为人发觉。所以，这种被我们假定的矛盾情感强迫性神经症的特质就成了我们能和禁忌做比较的唯一因素。

灵魂在死后变成魔鬼和未亡人必须以禁忌来保护自己的原始动机，已经被我们发现并加以证实了。现在让我们再假设，原始民族的感情生活中保留着和强迫性神经症病人同等强烈的矛盾意识。那么，我们就可以轻易地知晓为什么野蛮民族在丧失亲人的悲痛中，竟然和神经症中的强迫性自责一样，对潜意识里的敌意设了反向防卫机制。可是这种敌意（在潜意识里对死者的死亡感到满足），在原始民族中以多种方式出现。这种防卫的过程，一种在正常和变态心理生活中极常见的做法，我

（亚洲）加罗（Garo）妇女。她相信在死后，那些等待吞噬灵魂的魔鬼将放过她而去争夺耳环。

们称它为“投射”。未亡人否认曾经对所爱的死者怀有敌意，反而宣称敌意深藏在死者的灵魂中，同时，在整个丧葬期间企图伤害他们。不管未亡人所做的投射有多大的自卫作用，在他的情感反应中已显示出了惩罚和悔恨的特质。因为他本身即是恐惧和禁忌所附加的对象，虽然这些仪式中的一部分是借着防止魔鬼的恶意来施行的。再次，我们发现了禁忌仍然是建立在情感矛盾的基础上。对死人的禁忌是由痛苦（意识层次）和对亡者的死亡感到满足（潜意识层次）这两种尖锐矛盾之中产生的。这种冲突正是魔鬼愤怒的根源，也是未亡人之所以会惧怕他最亲爱的人的理由。

根据这种看法，禁忌如同神经症的症状一样，具有双重的内涵：在严格的仪式中，表示出哀悼气氛；可是另一方面，它们又明显地泄露了自己企图掩饰的、已被伪装成自我防御的对死者的敌意。在前面我们已经提过，有些禁忌是由对诱惑的恐惧而产生的。有一个明显的例子是，死人的懦弱对活人来讲是一种安慰，因此，某些诱惑必须以禁忌的方式来防止。

韦斯特马克认为原始民族无法分辨因暴力而亡或是自然的死亡，他的这种说法是正确的。在他们的潜意识里，始终认为一个自然死亡的人是被邪恶的欲望所谋杀的。只要对那些梦见死去亲人（父母、兄弟或姊妹）者何以做梦的原因和特性做深入研究，我们将发现，做梦者、小孩和原始民族对死者都保有一个共同的态度——一种以情感矛盾为出发点而产生的态度。[①]

① 正如前面寡妇和鳏夫的禁忌中所提过的，用许多禁忌来防止性放纵。

日本神道教仪式。由锯齿形纸片绑在一祭棍上做成的供品，象征着献给大自然的精灵或死者灵魂的布料。人们认为在礼拜时这一供品就成为神灵的神位。

我们反对冯特把禁忌的本质视为对魔鬼的恐惧，这已在本篇文章开始时提出过。可是，现在我们要着重强调的是：将对死人的禁忌由对死人灵魂的恐惧转变到对魔鬼的恐惧上，那么，所有的疑难就可迎刃而解了。我们接受魔鬼的概念，可是，并不认为即是唯一且无法再分析的心理状态。我们已经成功地解开了这个结，因为我们将它们合理地解释为未亡人对死者所隐藏的敌视感情的一种投射。

我们有足够的理由证明，这两组对死者的感情（喜爱和敌视），在丧葬期间是以哀悼和满足的方式表露的。这两种情感之间的矛盾，因为其中之一的敌意，全部或大部分存在于潜意识层次，所以，未亡人无法排除这种矛盾。于是，他开始寻找一种减轻心理压力的方法。这种方法就和我在精神分析学中所一再提到的那种特殊心理机制“投射”相似。敌意，未亡人无法知晓，同时也不希望知晓，由内在的知觉转移到外在世界中，然后附着在上面而累及他人。他们并不承认对死者的死感到欣

冥神哈斯斯与妻子珀耳塞福涅接收神使赫耳墨斯带来的死者灵魂（1895 年《史密斯博士古神话词典》插图）。

喜，相反他们为他而感到悲伤。可是，奇怪的是死者竟然不感激，甚至于变成魔鬼而且变本加厉来伤害他们。于是，这些未亡人只好对这种邪恶的敌人采取了严格的防御。经由这种过程，内在的压力减弱了，可是，却增添了外在的压迫感。

墨西哥阿兹特克在人祭后，人牲被煮食（16 世纪《佛罗伦萨古抄本》插图）。

将死者转变为邪恶敌人的投射过程，我们可以从对死者生前的残酷、权力欲、不公正及其他因素的描绘来产生对他的敌意。可是，仅凭这个理由并不能充分地解释经由投射而创造出魔鬼思想的原因。死者生前的过失，固然是使生者对他采取敌视的一个因素，可是，除非生者本身早已对他们怀有敌意，否则不会采用这种方式。因为在死者死亡的瞬间，任何对死者的不满都将暂时为悲伤所取代。所以，扮演这个角色的，毫无问题的是生者潜意识里的敌意。对一位最亲密亲属的敌视可以永远潜伏在潜意识里，也就是它的存在不会直接或间接经由其他替代方式出现在意识层次上。可是，当他死亡之后，这种压抑就失去了作用，使心理冲突日益激烈。在这些亲密感情转变为哀悼的瞬间，对这种潜伏的敌意逐渐感觉内疚，同时，也禁止任何“满足”意识的出现。根据这个方式，他们以投射的方法来压抑这种潜在的敌意，同时，以仪式来表现对遭受魔鬼惩罚的惧怕。随着哀悼时间的延长，这种冲突渐趋于缓和。因此，针对死者而设的禁忌也会因时间的流逝而逐渐消失不见。

描绘中世纪欧洲婴儿死亡的绘画：旁边的母亲无奈地看着被死亡夺去生命的婴儿。

禁忌与矛盾情感

我们在对死人的禁忌做了系列的说明以后，还想进一步讨论一些问题，使我们对禁忌能做更全面的了解。

在加诸死者的禁忌中，最重要的一种就是影响原始心理形态因素中对魔鬼的那种潜在敌意的投射。在我们所讨论的问题里，投射作用被认为与情感的冲突有关，它同时也是导致神经症的重要心理因素。可是，投射作用并不仅是为了心理防卫而设，它仍然可以存在于没有冲突的时候，内在知觉的外在投射

西伯利亚的雅库特巫师。他们选择动物作为灵魂的栖身之所。为了保护选定的动物，巫师们都尽量使它们远离人群。每年当冬雪全部融化以后，所有的动物都会从高山上下来，移居到山下的村庄。法术最强的巫师把灵魂依附在马匹、角鹿、黑熊、老鹰或者野猪身上，法术较差的巫师则只能依附在狗身上。有时动物之间打斗，如果其中一只受了伤，灵魂依附在这只动物身上的巫师就会生病，甚至死去。

是一种基本的机制。例如，我们的感官知觉是一种主观性的，在正常情况下，它对我们外在世界形态的判断占了举足轻重的地位。在这种传导过程还没有搞清楚以前，我们大胆地假设情感和智慧过程的内在知觉，可以依照感官知觉的投射方式来进行。于是，它们形成外在世界的因素，虽然在本质上它们仍然是属于内部世界的一部分。不过，注意力的产生主要是因为人们对外在刺激的反应，开始仅包括快乐与不快乐两种感觉，只有当抽象思想的语言表达发展以后，也就是在语言表达的具体方式与内在过程相连接后，内在的感受才显现出来。在这种知觉形成之前，原始民族经由内在知觉的外在投射，早已形成一幅外部世界图像。现在，我们将又回到心理学的研究上。

原始民族思想体系的一部分，是由把自身的邪恶冲动转移到魔鬼身上的投射作用所构成，我们将把它们纳入下章中的“泛灵论”来讨论。现在，我们将努力去探索在这些系统下所隐藏的心理特质，然后，再用它们来与形成神经症的相似系统比较。在这里，我首先要强调的是，所有这些系统的范例都是我们在梦的内容所称的“变形”。我们必须记住，在所有系统形成的期间或在此以后，对于每一个心理事件的意识判断都由两组因素组成：一组属于系统本身；另一组却真实存在于潜意识里。

冯特指出：“在世界各地，对魔鬼传说的神话中认为它有害的占大多数，所以，一般的看法都偏向于邪恶的魔鬼比善良的魔鬼先存在”。很可能所有对魔鬼的具体研究，都是从活人与死者之间的关系演化而来。矛盾情感在人类发展的过程中有同一根源，尔后变为两个完全不同的心理成分：对魔鬼的惧怕和

对祖先的崇拜。[①]由于对魔鬼的惧怕通常是指新近死亡的人，所以，对死者的哀悼和魔鬼信仰的形式两者之间必然有着某种紧密的联系。哀悼，具有一个特殊的心理作用：将未亡人的记忆和希望与死者隔开。如果这个目的达到了，那么，随着哀伤的减低，所有懊悔、自责和对魔鬼的恐惧将慢慢地消失，将死者尊崇为祖先而以友善的态度祈求他们的保佑。

年轻的土著人（《美洲之行》）

我们如果长期追踪研究生者与死者之间的关系，那么我们不难发现，两者之间的情感矛盾将随着时间的流逝而逐渐趋于减少。最终，他们可以不需任何心理努力就能轻易地将对死者的潜在敌意控制住。早先满足、愤恨和痛苦所交杂的感情相互斗

① 用精神分析学对神经官能症作分析后，我们可轻易地在一位怕鬼的病人（或者在小时候怕鬼）身上发现，鬼魂常是病人父母的化身。

争，后来都转化成一种崇敬的心理了，只有那些神经症的病人在爱人死亡后才会产生由精神分析学所发现的强迫性自责的哀悼——矛盾情感。我们不需要在此对这个问题如何发生及其本质上的掩饰和家庭关系做进一步的研究。不过，上述的例子已经给我们一个有力的证明，即原始民族心理冲动的矛盾似乎较一般已开化的人们多得多。只要这种矛盾性减少，那么，禁忌作为矛盾性的一种症状和两种冲突冲动之间的妥协也将逐渐地消失。神经症，即勾起这种类似禁忌的挣扎，可以说是一种回返古代遗迹的心理作用。随着文明的进步，为了补偿这些作用，于是人们逐渐步入无限浪费心理力量的情境中。

也许，我们又会回想起冯特在前面对禁忌所下的矛盾定义："神圣的"和"邪恶的"。根据他的看法，这个字在刚开始时并没有包含两个对立的观念，它仅是指"似魔鬼的""不能被触摸的"，这种思想也正是上面两个对立观念所同时具有的共

法属赤道非洲：阿赞德妇女为杀俘而唱歌跳舞。如果一个野蛮部落的妇女踏着鼓点绕着俘虏跳舞的话，这个俘虏肯定会被杀死，成为宴会上的主菜。

同点。这种隐藏在这两个观念下的思想早已证明出它们在刚开始时是合而为一，只有在稍后才开始分化为二。

恰恰相反，我们从一开始就已讨论了“禁忌”这个词所包含的双重意义，它被用来表示一种特殊的矛盾情感以及这种情感活动的产物。“禁忌”本身是一个矛盾情感的字眼。仅该词

《邪恶的头影》，爱德华·伯恩·琼斯，斯图加特国家美术馆。

的确凿含义就使我们有可能推测，禁忌应被当作情感矛盾的结果来加以理解。由早期语言的研究，我们可以发现那个时候已经存在有表示对立意义的字眼，概括来讲即已保有矛盾情感的这种感觉（虽然它们的意义并不完全和“禁忌”相同）。[①]只要将对立的“原始语言”在发音上做轻微的改变，即可能把同一思想在稍后表示成两个不同且对立的语言。

可是，“禁忌”这个词却遭受到相反的待遇。当它所喻指的矛盾情感消失以后，这个词的本身，或者代表这类思想的字眼，立即失去了效用。并且，那些由这些观念所主宰的历史演变事件，通过研究后都能被我们领悟。这个字眼首先附着在具有高度矛盾情感性质的特殊人际关系上，稍后，它的作用才延伸到其他类似的关系上。

我们对禁忌的解释早已暗示出良知的本质和来源了。当人们提到禁忌良知，或在禁忌被破坏后所产生的罪恶感之中，人们已经具备良知的素质了。禁忌良知也许是产生良知的最早现象和形式。

什么叫“良知”？从语言的角度来说，它是和一个人的“最确实自觉”有关。事实上，我们很难把“良知”和“自觉”这两个词在某些语言里区别开来。

良知，是我们对某些特殊欲望由排斥而产生的一种内在知觉。这种排斥不必寻求任何理由。最明显的例子是罪恶意识，即对我们某些行为（满足某一特殊欲望）的内在厌恶。任何具

---

① 参见我对阿贝尔（Abel）的《原始语言的对立意义》一文的评述。

《良知发现》，威廉·尔曼·亨特，伦敦泰特美术馆。

有良知的人，在他内心深处必然有着对这种厌恶的判断，和对他的行为夹带着自责。这些因素都可在原始民族对禁忌的态度中发现。由良知为出发点的律法中，任何对它的破坏都将使人

《俄狄浦斯和斯芬克斯》

斯芬克斯是狮身人首的女妖，长得很美，曾受过文艺女神缪斯的教养，很有学问。当她出现在忒拜城时就成了那里的一个大害，她盘踞山口要道，每当遇见过路人就用“早上四只脚，中午两只脚，晚上三只脚”的谜叫人猜，猜不出者即被她吃掉。伊底帕斯猜出谜底是人，于是斯芬克斯跳崖自杀。

产生罪恶感，它们一直被认为当然地相传下去，甚至连它的起源都无法考证。[①]

所以，某些附属于矛盾情感的特殊人际关系很可能就是良知的起源，它的发生就像我们在禁忌和强迫性神经症所讨论的情况——两种敌对感情之一必须储藏于潜意识里，而且属于另一感情的强迫性优势的控制之下。其实我们早已从神经症的分析中证实了这个结论。

首先，我们在强迫性神经症中发现了一个特质：过分的良知（正直）。这也是

① 对触犯禁忌而生的罪恶感并不会因为是无意的举动而减轻。在希腊神话中有一个有趣的对比：伊底帕斯的罪恶并不因肇事者不知晓或按其意愿而减轻。

一种在潜意识里与潜伏的企图斗争所产生的症状。如果疾病日益恶劣时，他们将受到强烈罪恶感的压迫。事实上，一个人可以很勇敢地说，如果在强迫性神经症中无法找到罪恶感的根源，那么，我们将永远无法再观察它们。我们可直接从个别的神经症病人开始进行研究，然后再以相似的方法应用到原始民族身上。

装扮成神父的魔鬼撒旦。撒旦（意为“敌手”）曾经是一位光明天使（后来被称为魔鬼），因为诱惑亚当偷吃伊甸园里生命树上的禁果而被上帝贬到地狱。

其次，我们惊异地发现，罪恶感是构成焦虑的极大因素。我们有证据可以确凿地将它形容为“良知的惧怕”。可是，焦虑是代表潜伏的来源。有关神经症的心理学已经告诉我们，如果一种欲望被压抑后，原欲将转变成焦虑。这种观点使我们认识到，除了罪恶感以外，一定还有某些东西在潜意识层次里与它们相关联着，这也是人们采取拒绝和否认行为的原因。附着在罪恶感上的焦虑，也正和这种未知因素有关。①

① 注意，弗洛伊德对良知和焦虑来源的看法，在他后来的著作中，做了重大的修改，这些更改见于他的著作《精神分析新论》（1933）中的第31—32讲。

由于禁忌主要是以禁制的方式表现出来，所以，我们没有必要对潜伏在下面的正当欲望做出解释，只需加强说明神经症的理论即可。因为对一件没有任何人企图要做的事情加上禁制是多余的。一件被强烈禁止的事情，必然也是一件人人想做的事情（这是弗洛伊德很聪明且重要的想法）。如果把这个精辟的理论应用到原始民族身上，我们将得到一个结论，即某些最强烈的欲望，是杀国王和僧侣、犯乱伦罪、虐待死人等等——整个答案似乎是令人震惊不已。要是将它再进一步实行到我们自己的行为之上，那么，我们将看到的是对这一命题的更加明确的否定。这是因为从这些行为中我们可以清楚地听到良知的呼唤。我们绝对肯定地坚持，绝不会受到丝毫的诱惑去触犯这些禁忌（如“毋杀生”的戒律），在犯忌的念头面前，我们只会感到恐惧。

如果我们接受了上面那种对良知的辩护，换句话说，这些禁制（包括禁忌和我们的道德戒律）是没有必要的，那么，对于良知的形成将无法说明，同时，良知、禁忌和神经症之间也就毫无关联了。我们那些所有的努力也将白费而再次被逼回到原地。

如果我们拿自己作为例子，用精神分析学对梦做出恰当的解析，那么将惊讶地发现，即使不在意识范围内，我们偶尔也会暴露出杀害某人的企图。再假设，我们把某些神经症的强迫性禁忌当作病人对某种强烈杀人冲动的压抑或者自责。就算在这种情况下，我们的理论仍然发挥着很大的作用，即任何禁忌下面一定隐藏着某些欲望。所以，我们必须假设谋杀的企图存在于潜意识里，禁忌和道德戒律不但不是多余的，而且它们正好解释并证明对谋杀冲动所持有的两种矛盾态度。

正方向的欲望深藏于潜意识层次，是我一再强调的基本观

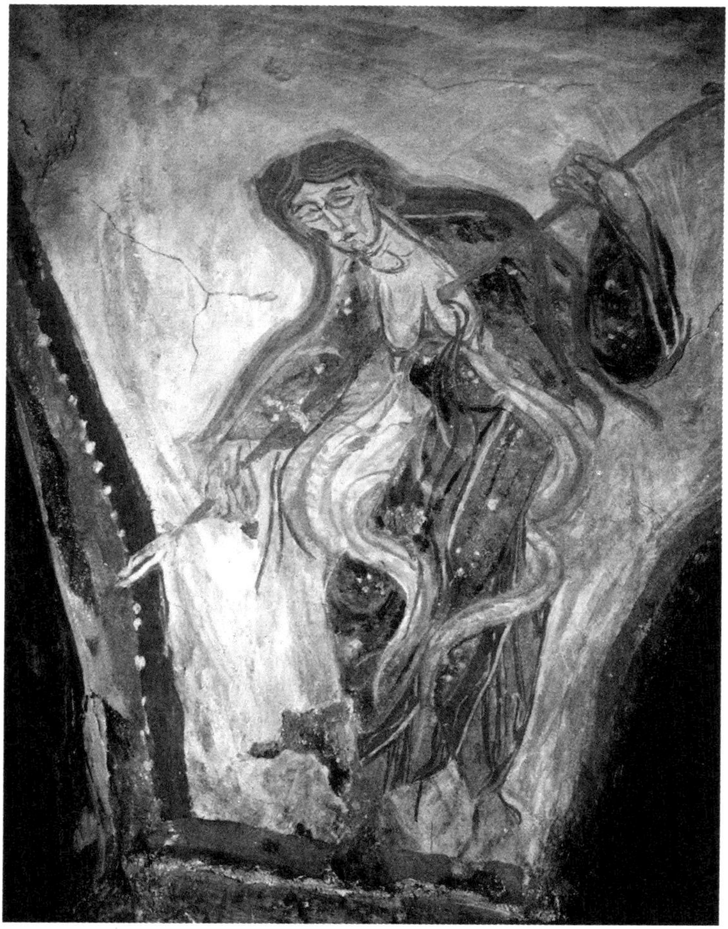

《淫乱》，中世纪绘画，法国圣·尼古拉教堂。

念，也是矛盾情感的一个特质。它将我们带进一个更宽广的领域里。在潜意识里的心理活动并不完全和意识层次相同，它们的活动范围比后者更加宽广。潜意识里的冲动并不需要在它的欲望焦点上出现，它可以显现在其他地方和借着其他人物来连接，它可经由一种“替换作用”从我们的注意力中脱离，而到达它自己的地方。因为它们在潜意识过程中具有长久和抽象的特质，所以，它们可以在稍后的时间和情况下出现，这也是它们的浮现常令人感觉不安的原因。它们仅以暗示的方式表现，不过，只要我们稍加注意即可发现，它们在文明的进化过程中占有极重要的地位。

在结束我的讨论之前，有一个观念还需要加以说明，以便为解答后面的疑问做铺路工作。在禁忌禁制和道德戒律相似性的讨论中，我相信它们之间可能有某些心理上的相异存在。为什么禁制不再以禁忌的方式出现？它的唯一理由是，控制这些矛盾情感的客观环境有了某些改变。

我们可以通过对禁忌问题的分析试验，使我们对它和强迫性神经症之间的相关性得到一个清楚的证明。可是，毕竟禁忌只能算是一种社会习俗而不能称为神经症。因此，我们又要去讨论另一个问题，即神经症和诸如禁忌之类文化产物之间到底存在着哪些主要的差别？

再次，我想用一个简单的事实来作为这一理论的基础。原始民族所忌讳的是破坏禁忌后所带来的严重疾病和死亡。惩罚必然落在触犯禁忌的人身上，而神经症则稍有不同。病人所恐惧的是，在他触犯了某些禁忌后，惩罚将落到他人身上。只要

我们稍加思索便能发现，这些代罪的羔羊常是病人最亲近及喜爱的人。在这里，我们可看出两者最明显的不同：神经症的行

汤姆·索亚梦到印第安人乔要杀死他（马克·吐温《汤姆·索亚历险记》插画）

为似乎是“利他的”；而原始民族则为“利己的”。如果触犯禁忌的人没有自动受到惩罚，那么，全族的人都将陷入恐怖中，最后由大家团结起来执行这些被遗忘了的惩罚。要解释这种团

《呐喊》，爱德华·蒙克，奥斯陆国家美术馆。
有人认为该作品反映了现代人被存在主义的焦虑侵扰的意境。背景源于1883年印尼喀拉嘻托火山爆发，火山灰把天空染红了。画中的地点是从厄克贝里山上俯视的奥斯陆峡湾。

结的原因并不难。它主要是因为对传染的恐惧，一种害怕引起模仿的企图——这也正是禁忌具有传染性质的原因。要是一个人达到了被禁止的欲望，那么，所有其他的族民都会去仿效而破坏禁忌。为了消除这种企图，那些触犯禁忌的人必须付出沉重的代价：只有当他们从事带有报复性质的赎罪行为后，惩罚才能消除。这也是人类刑罚系统的一个基础。它们的前提，是建筑在罪犯和报复的团体都具有相同欲望（被禁止的）的假设上。仅就这一点来说，精神分析学似乎是认可了宗教上常用的口头禅：我们都是可怜的罪人。

然而，我们对神经症中那种让人意外的高贵心灵将如何去做一个恰当的解释？为什么他们并不为自己打算，只关心到他所爱的人的每一件事情？由分析的调查显示出这种态度并不是他们原来的态度。最初，也就是疾病刚开始时，惩罚的恐惧指向病人本身，他一直为自身生命的安全有所顾虑，这和原始民族中的情形相似。后来，这些恐惧替换到他喜爱的人身上。这种过程较复杂，可是，我们可以很清楚地寻找出来。在禁忌的深处一定深藏着对喜爱的人的敌视冲动——希望他死亡。这种冲动被禁忌压抑着，而禁忌则表现在某一个特殊行为上，这种行为极可能是一种对所爱的人采取的敌视行动。他们对执行这种行为怀有死亡的恐惧。可是，这种过程继续演变下去后，原来希望爱人死亡的思想转化为自己可能的“恐惧”。所以，当神经症的病人表现得如此利人时，它只是对隐藏着的残酷自我主义采取了一种“补偿作用”。我们可以把这种只考虑他人而不把自己直接作为性爱目标的感情称作“社会性的”。这些掺

《红色弗吉尼亚蔓草》，爱德华·蒙克，挪威奥斯陆孟克美术馆。背景的房子坐落在阿斯嘎斯特兰，房子被鲜红蔓草所覆盖，是一种不祥之兆。画面上的男人露出恐惧的神色，使整幅画弥漫着一种恐惧和不安的气氛。

杂社会因素的背景，也许正是神经症的核心特质，虽然它们在稍后都经由过度的补偿作用来掩饰。

我认为没必要在这些社会因素的来源和它们与人类其他本能欲望关系之间的讨论上再浪费时间，不过，我还是打算列举其他的例子来解释神经症的第二特质。从这一特征的形式来看，禁忌很像神经症病人的害怕接触，即“接触恐惧”。现在，在神经症的例子中，这种禁忌可能与一种“性方面”的接触有关。

《死神的胜利》

画中人物对死亡充满了恐惧，画家勃鲁盖尔此画目的在于揭露教会的黑暗与宗教法庭的恐怖。

精神分析学的理论早已给了我们一个恰当的理由，即在神经症中那些转变和被替换了的本能欲望都是源自于性。可是，在禁忌的例子里，那些被禁止的接触显然并不能仅仅用性观念来解释，而应该从攻击、控制和维护自己权益这方面做一些研究。如果有一种不能接触领袖和他的所有物的禁忌，那么，这正表示出必然有相同的冲动潜伏其中。这些冲动表现在对统治者的监视和在加冕典礼上的身体虐待。所以，神经症的特质在性方面的因素比在社会的本能元素更占优势。而社会的本能，则是由利己主义成分和性欲成分结合而产生的一种特殊的情况。

我们通过对禁忌与强迫性神经症的比较，已了解了不同种类的神经症与社会习俗之间在本质上的相互关系，同时，也显示出了神经症心理学的研究对我们了解文化的发展起了很大作用。

各种神经症一方面与社会习俗、艺术、宗教和哲学等有吻合之处，并造成很大的影响，可是另一方面却又好像是在歪曲它们。也许我们可以说，一个歇斯底里的病例是一种对艺术创作的讽刺性的模仿；强迫性神经症是宗教信仰的讽刺性的模仿；而妄想症则是整个哲学系统的讽刺性的模仿。这些差异使我们得到了一个结论，即神经症也是一种社会形态，它们以隐喻的方式努力去显现社会集体力量产生的巨大影响。如果我们对神经症的本能冲动做更进一步的研究，我们将发现决定它们的因素是

美洲玛雅手稿《德莱斯顿古抄本》的象形文字，十字形的死亡之骨下面是一条天蛇，正在吞噬太阳，反映了玛雅人对日食的恐惧。

与性有关。相似社会习俗的形成是在社会的本能基础上产生的，而社会本能又是从利己主义因素与性欲因素的组合中派生出来的。性的需要并不能像自我保存需要那样能够使人们结合起来。性的满足仅仅是属于个人的事情。

神经症的利己本质就是逃离不满意的现实状况，进入一个相对愉快的幻想世界——这是它的基本目的。然而，逃离现实也正意味着逃离社会，这是因为神经症所要逃避的现实世界，是由人类社会和它所有的习俗所控制着。

《死亡和少女》，埃贡·希勒，奥地利美术馆。画中少女是画家希勒的恋人瓦莉，象征死神的男人则是画家自己。这一年，希勒抛弃了瓦莉。

第三部分

泛灵论、巫术和思想的全能

泛灵论的解析

把精神分析学的研究成果应用到心理科学领域里的著作，实在太少了。它们只是将那些稍具鼓舞性质的建议置于专家们面前，让他们因为工作的需要自由选取适合自己的部分。这种缺陷尤其是在一篇关于“泛灵论”[①]的研究中更明显地显现出来。

8—9 世纪的纸本摩尼教经典残片

泛灵论的定义通常分为狭义的和广义的两种，即有关灵魂的讨论和对精神生命的研究。“无生物之有意识说”是一种证

---

① 对资料加以简明扼要的利用，就必须省去所有的详尽书目。因此，我只提及斯宾塞、弗雷泽、朗格、泰勒、冯特的主要著作，所有有关“泛灵论”的理论大多是其延伸，我的工作只不过是对这些资料做摘要、选择。

摩尼教信札

实无生命的物体也具有生命性质的学说。这种学说承认动物、植物及天体有个性及意志力，但否认其具有个别的灵魂。而“兽性主义”（否认人之有精神）和摩尼教的发生也和此有关。泛灵论开始时仅是表示一种特殊的哲学体系，之后由于泰勒的研究才具有现在的意义。

对这些观念的研究的主要依据，是我们由许多历史事实中原始民族那种对自然所采取的超越看法。他们认为宇宙中充满了多数的魂魄：善良的和邪恶的。这些魂魄和魔鬼，他们认为是所有自然现象的根由。同时，他们深信不管有生命的还是无生命的物质，都由它们来赋予生命。另外一个最重要的和这种原始“自然现象”有关的说法，对我们来讲则较易理解，因为它和我们目前的思想差距很小，我们只是不易理解用拟人化的物理力量来解释灵魂和自然现象的说法罢了。原始民族相信每一个人都拥有一种相似的灵魂。这些居住于人类体内的灵魂能够离开且转移到他人身上：它们是心灵活动的枢纽，同时在某种情形下可离开身体而独立。刚开始时，灵魂被认为和人相类似，只是在长久的进化过程中，渐渐地失去了物质的物性而呈现高度的“灵化”。

整个泛灵论体系的最原始核心就是有关灵魂的观念，它们包括了相信动物、植物及物质也具有和人类灵魂相类似的结构等想法。

至于原始民族如何探寻出泛灵论体系所根据的那种特殊的双重认识，有人假设是他们由观察睡眠（包括做梦）和死亡之间的联系而来。他们尝试去解释和理解这两者与人之间的相似性。这些理论起源于对死亡的疑惑。原始民族认为生命是不朽且可无限延长的。死亡的观念只有在稍后才被勉强接受。即使

《圣乔治屠龙》，英国乌切洛，1456 年。

中古欧洲的一个小镇上，城中的公主即将作为祭品献给恶龙。然而就在这一天，上帝的骑士圣乔治以主之名，对恶龙施展了圣十字攻击。最终，恶龙被勇士铲除，信仰驱除了邪恶。恶龙鲜血流经的地面正好形成了一个十字形， 此后那里长出了玫瑰。

到现在，我们对它的内容仍然知之甚少，且没有任何透彻的认识。对于泛灵论的主要理论，它们做了一个生动但并不确定的讨论，就像在梦境、阴影、镜像中所观察和经历过的现象而得到的结论一样。

一般人都认为，被原始民族推衍到外界事物上的关于灵魂的思想，主要是由于他们对自然界现象的主观判断。在讨论到不同的种族和不同的时期里所产生的相似的关于灵魂的思想时，冯特声称："它们是神话意识所必然产生的心理产物……因此，由这种观点，原始的泛灵论，就目前我们研究的结果来说，自然应该被认为是对人类自然状态的一种精神表达。"至于将生命传达到无生物身上的理由，早在休谟（David Hume）的《宗教的自然历史》中就已提道："人类有一个普遍的趋向，就是将所有的生物都认为和他们一样，而把他们所熟知的性质推想到它们身上。"

泛灵论是一种思想的体系，它不只解释某些特殊的现象，最重要的是，它经由一种单纯的观点而将整个宇宙置于同一内容之下。人类经过不断的进化，在长久的岁月里产生了三种思想体系——三种对自然的解释，即泛灵论、宗教的和科学的宇宙观。在这些学说中，首先创造的泛灵论对宇宙本质的解释可能是最为一致、彻底和确实的。这种人类最早的宇宙观也是一种心理学的理论。要是我们继续研究现代文明里所保留的这种理论，就会发现它们仍以各种方式出现在现在的迷信活动和我们的语言、信仰及哲学基础里。

针对这种心灵转变的三个时期，我们可以说，泛灵论已经包括了宗教所具有的本质基础，虽然它并不能算是一种宗教。显然，神话产生的主要前提也来自于泛灵论，虽然我们仍然很难从本质上去理解神话和泛灵论之间的某些细节。

头束椎髻“天菩萨”的老人。彝族人有蓄长发的习俗，“天菩萨”即束发为髻，彝语称“俄比、祖体、卓尔”，俗称“天菩萨”，被视为男子灵魂的藏身之地，神圣不容侵犯和亵渎。

巫术与魔法

事实上，精神分析学从另外一个侧面对这个问题进行了讨论。我们不必假设人类对自然界的解释是起源于纯粹理论性的好奇。实际上，一定是想主宰所有事物的想法必然早已占着一个举足轻重的地位。所以，我们将发现，伴随着泛灵论的体系，还有一种理论指示如何去控制人类、野兽和物质，或更确切地说如何主宰他们的灵魂的指示。这些指示以“巫术”和“魔法”的形式出现。雷诺（Reinach）形容它们是“泛灵论的一种策略”；不过，我倒是宁愿像休伯特（Hubert）和莫斯（Mauss）一样，把它认作仅是泛灵论的一种技术。

刚果文物：狗头人身雕像。19世纪早期。材质：木、树脂、玻璃、树叶、藤条。刚果西北地区，巫师用在某种仪式上的工具。

我们又该如何区分巫

太平洋复活节岛岩石上的“鸟形人”，源于波利尼西亚神话。他手中拿着一个蛋，象征着宇宙及万物的起源。

术和魔法这两个概念？也许，要是我们可以暂时不顾语言使用的变动性而做某种程度的专断处置的话，那么，我们可以说，巫术在本质上是一种以对待人的方式来影响灵魂的做法：使它们息怒、改善关系、和解、剥夺权力服从命令等。总之，即利用已经在活人身上证明为有用的一切手段。魔法则不太一样：基本上，它无视灵魂的存在而采取与日常生活心理方式不同的做法，我们可以很轻易地猜出魔法是泛灵论技术里一个较早且重要的部分。因为经由魔法的方式，人类可以与灵魂沟通。[①] 同时，魔法的概念可以应用到其他方面，就如我们所认为的，

① 如果用喧哗和喊叫来驱除某一个灵魂，那么，这些行为是属于一种纯粹的巫术；如果先寻找出它的名字，然后以强迫的方式来驱除它，那么魔法就被用上了。

灵化自然的过程尚未完成等例子。

魔法被很普遍地认为能够使人们主宰自然，以及能够保护自身的生命、财产安全和给予敌人有效的伤害。可是，对于这种魔法行为基础的主要原则是很令人惊奇的，几乎所有的专家都很熟悉。泰勒排除了伴随它的道德判断，而将它们简称为“对一件真实事物的错误联想”。我将举出下面两组魔法行为的例子来加以说明。

用简易的材料刻画出敌人的塑像，是魔法中用来伤害敌人的最常用的一种。塑像是否像他并不重要，只要能将它塑造成像即可。其后，对塑像的任何破坏都将同样地发生在敌人身上，对塑像身体任何部分的伤害即在敌人的相同部位发生。类似的魔法不但可用于私人恩怨的报复，而且也可施用于帮助神明来

埃及神话中鹰头、戴太阳之冠的主神——太阳神。

对抗魔鬼。我举出弗雷泽所说的例子："每天晚上，当太阳神（埃及神话中古埃及人的主神，被绘成有鹰头而戴太阳之冠——译注）披着余晖由西方返家时，它开始遭受大恶魔亚泼皮所率领的无数恶魔们的攻击。整个夜晚他们都在激战，有时候，恶魔的力量能用乌云遮住蔚蓝的天空，以影响太阳神放射的光辉并削弱它的力量。为了帮助太阳神每天无休止的争斗，于是在底比斯（埃及古城）的神庙里每天举行一种仪式：大恶魔亚泼皮，被用蜡塑造成一条面目可憎的鳄鱼或者成为卷曲的毒蛇，然后，以蓝墨水在上面写上恶魔的名字。另外，在用纸做成的盒子里还装了用蓝墨水绘成的亚泼皮塑像，它被装上黑色头发，然后，

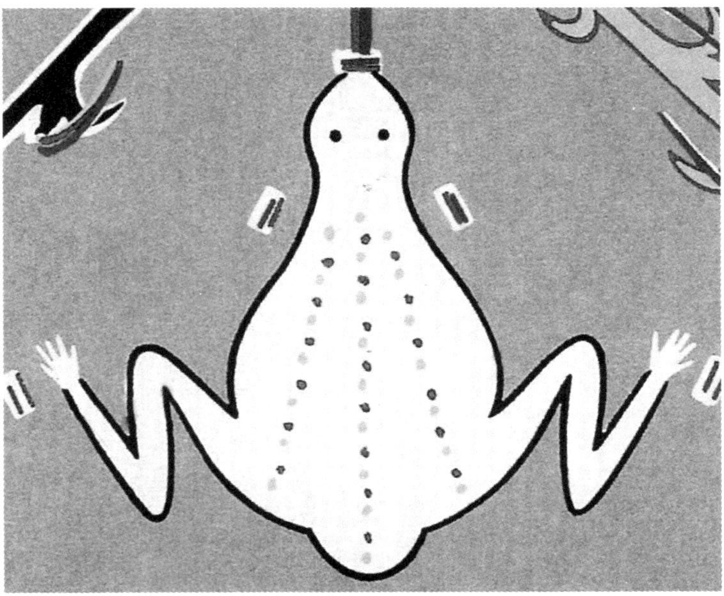

纳瓦霍印第安人的沙画：用于祈雨的青蛙。

用石刀加以击砍丢弃于地上。随后，僧侣们不断地用脚踩，最后将其放入某些特定的植物或青草里焚烧。当亚泼皮被如此彻底地破坏后，所有跟随它的主要恶魔，包括它们的父亲、母亲和子女们也都被依样地绘成塑像加以焚烧。这些仪式必须伴随着背诵某些特殊的咒文，它不仅在早晨、黄昏和夜晚举行，而每当雷电交加、大雨倾盆或者乌云横跨天空企图遮掩太阳的光芒时，也必须举行。经过举行这些仪式，所有黑夜的乌云和雷雨的魔鬼都将受到打击，至少在一段时间内它们将逃逸，而太阳神也将由于胜利而再度放出光芒。”

我想在无数具有相同点的魔法行为中，再特别举出两种关于原始民族的神话和礼拜仪式中的一些特殊行为。这就是求雨和求丰收的仪式。求雨的仪式，主要的是直接模仿雨或能下雨的乌云和雷电，你几乎可以称它为一种“玩雨的游戏”。例如，在日本，虾夷族人（居住日本北海道等地）将筛子装上帆和桨使它看起来像条船，其他的人则拿着小碗，然后将它们推送到村庄和田园里用以洒水。同样的，人类发生性关系也可促使土地的增产丰收。我只简单地举出一个例子，“在爪哇的某些地方，当稻米即将开花的时候，农夫们带着妻子在夜晚到他们的田园里，借着发生性关系来企图引起稻米效法以增加收成。然而，乱伦的性关系却被严厉禁止且为人畏惧，因它被认为可遭致收成的失败和促成土地的不育”。

我们将某些相反的仪式，也就是防范性魔法归为这一类。“当戴雅克人（婆罗洲的土著人）到森林狩猎野猪的时候，留在村庄的人们被禁止用手去摸取油或水。因为他们深信这样做将使狩猎者‘易让东西从手中滑掉’而使猎物溜走。”同样的，“当一位吉利雅克族的猎人在丛林里狩猎时，他们的孩子被禁止在家里在木头或沙地上画画。因为他们害怕当孩子们这样做时，将使森林里的小路变得像图画般复杂，以致迷失道路而一

《大傩图》（宋）

傩是一种古老的驱除疠疫的民间活动。举行大傩时，参与者戴上各式面具，奏响各种法器，以舞姿表现与鬼神的战斗。宋朝的傩除了驱除邪祟之外，还有祈求丰收的意味，同时也是一种民间娱乐活动。

去不返”。

我们从以上这两个例子里可以看出，他们相信精神感应却忽视了距离的因素。由此，我们将可轻易地了解这种魔法所具有的特质。

由上述所举例子中，我们可以发现一个共同的特性，即在人们所采取的行动和期待得到的结果之间有着“相似性”。也正因为如此，弗雷泽称这类魔法具有“模仿性”。要是人们希望下雨，那么，他只要做些看起来像下雨或者能使人联想到下雨的事情即可。在稍后的时代里，这种模仿式的求雨渐渐地为人所遗忘，人们开始在庙里膜拜以祈求住在里面的神明降雨。最后，这种宗教仪式又被放弃，而企图以改变大气的活动来下雨。

除了已讨论的魔法外，还有一种可以伤害敌人的魔法。当一个人获得敌人的头发、指甲、废物或一小片衣服时，以某种残暴的方式对待它们，那么，对物件所做的任何伤害都好像真的会发生在敌人身上。在原始民族的观念里，人名是一个人最重要的部分之一。所以，当一个人获知某一个人或某一个灵魂的名字时，同时也获得他的一部分力量。这也是我们在前面禁忌一章所讨论到的，为什么原始民族对名字的使用那么谨慎且带有诸多禁忌。在这些例子中，相似性显然已被类同性所取代。

原始民族的尝食人肉的习俗，大概也是源于这个因素。当一个人吞咽了人肉时，认为已同时把他所具有的特质据为己有。这也是导致人们对食物采取小心和禁忌的原因。一位生有小孩的妇女必须避免食用某种兽类的肉，因为她害怕动物所具有的某些不为人喜欢的特质（如懦弱），可能经由她的喂养而传到小孩身上。这些魔法的力量并不会因两个物体互不相干，或者只在某一特殊场合接触而遭受影响。例如，相信武器和伤口之间具有神秘关联的想法，可以一直追溯到数千年以前。如果一位美拉尼西亚人（澳洲东北方，西南太平洋诸群岛的土著人）拿到了使他受伤的箭后，他将小心地把它放到阴凉的地方以防止伤口恶化。可是，要是箭被敌人得到时，那么，它将被拿到火旁以导致对方的伤口炽热和发炎。普林尼（Pling）在他的著作《自然的历史》第 7 章中告诉我们说：“如果你因为伤害到某人而感到抱歉时，你只需将唾液吐在用于攻击他的手掌

古代中美洲印第安土著的人祭仪式

上，那么，他的痛苦将很快地消失。”同样的，培根（Francis Bacon）在他的《千年自然史》一书中也曾提到“大家相信将武器涂上油可以使创口自然痊愈”。英国的乡村甚至到现在还保存着这种说法，当他们被镰刀割伤时，常将镰刀擦拭干净以防止伤口化脓。“1902年，在诺里奇一位名叫玛丽达·亨利的妇女意外地被铁钉刺伤脚底。她不但没查看伤口甚至连袜子都未脱去，她仅仅要求女儿将铁钉好好地用油擦拭干净，并说只要这样做，伤口就不会恶化。几天后，这位妇女终于因破伤风而去世。”

自鼻孔吸入药物的印第安萨满（巫师）（费雷拉的《哲学旅游》插图）

木刻版画：巫师变动物。

上述的最后一组例子，正好说明了弗雷泽对“传染性”魔法与前面所述的“模仿性”魔法进行的分类。魔法的因素不再被认为是相似性而是空间的接连、邻接或至少是幻想的邻接，即使人回忆起它。然而，由于相似性和邻接性都是引发联想作用的两个重要因素，所以揭示这些愚昧的魔法施术的真相也就落在对这种思想相互联想的解释上。至此，泰勒在生前对魔法的研究，我可以把它的意思简明地标出：魔法的本质即将理念和真实事物之间做了一种错误的连接。弗雷泽也几乎用了相同的字眼："人们将自己理念的次序误认为是自然界的次序，于是幻想着经由他们思想的作用能够或者似乎能够对外在事物做有效的防御。"

也许刚开始时，有人对这些关于魔法的聪明解释感到不满意，这会使我们感到惊异。可是，只要再细加思考，我们将发现这些批评是公平的。因为这种魔法的联想理论仅能说明魔法的施术过程，无法解释魔法的真正含义，也就是说为什么经由心理作用能够错误地解释自然定律。所以，一定还有某种起动的因素存在。不过这些对弗雷泽理论的批评都误入歧途。其实，我们只要将联想理论做更进一步和更深入的研究之后，便能轻易地解开魔法之谜了。

19世纪美洲印第安人用以治病的面具舞。人们相信，面具有巨大的精神力量。

现在，我们先开始讨论较简单且重要的模仿性魔法。根据弗雷泽的解释，模仿性魔法可以直接得到施术的结果，可是，传染性魔法在原则上却必须经过传递才能伤害对方。我们可以发现这些施行魔法的目的：它们都是源于人类的某种欲望。我们需要假设的只是这些原始民族对他们的期望有着绝对的相信。他们之所以施行并深信魔法的力量，不过是因为期望得到它。因此，我将把重点放在对这些期望的解释上。

尽管幼儿的运动效率非常低下，可是他们却处于相似的心理情境之中。我曾经在其他的著作里提出了这种理论，即幼儿常用幻想的方式来达到他们的期望，也就是他们会利用感官上的刺激来为自己创造一个特定的情境。一个成年的原始人也可能采取这种方式。他的期望伴随着一种运动冲动（指意志），把整个周遭环境的面目完全改变以适合他的理想。这种运动冲动提供了一个能使他们应用幻觉的方式达到他们所预期的满足的虚拟环境。这种满足期望的表现方式正如幼儿在游戏中以纯粹的感觉方法来获取满足一样。当孩子们或者原始民族发现用游戏或模仿的表现方式能满足期望时，这并不表明他们的谦卑（就我们的观念来说），也不表明他们非常顺从地承认自己真的无能。通过以上解释，将使我们对于这些由他们的期望所产生的巨大能力和与这些期望相关的意志力，以及行使这些期望的具体方法有了简单的了解。不过，随着时间的改变，这些心理作用的重心渐渐地由施行魔法行为的动机而转移到被施行时的手段上，即着重到行动本身（也许我们可更精确地说，正是这些附在心理作用上的手段本身得到了施术者更高的肯定）。

托尔特克人信奉的“查克摩尔”神，是人与上天之间的使者。双手捧执的盘子中用于摆放人的心脏。

久而久之，由于魔法行为和期望的结果之间有着极大的相似性，因此，魔法行为的本身被认为是产生结果的唯一原因。在泛灵论时代，人们无法彻底地运用思想对事实真相做客观的了解。直到稍后，虽然所有这些行为仍然施行，可是，一种怀疑的心理开始产生。人们逐渐相信与灵魂的交流必须出于忠诚，任何虚伪的祈祷将使魔法失效。[①]

事实上，这些可能是由邻接的联想延伸的传染性魔法体系给予我们的一个启示，它们表现了期望和意志如何在施术者自

① 参见《哈姆雷特》第三幕第三场：“国王：我的祷告已然飞逝，我的思想却仍残留；没有思想的祷告，永远达不到上天。”

美洲古代洞穴壁画：萨满教巫师形象。

身的意愿中发挥其决定性作用。这种作用使人们对心理过程产生了过高的评价，即在对世界的态度中，人们从事实和思想两者中选取了后者。观念的重要性已远远超过了事物本身，对观念的任何评价也必然会影响到事物本身。在人们看来，观念之间的联系也就是事物本身之间的联系。在思想的过程中距离的因素并不重要，因为人们在任何单纯的意识思想过程中能够轻易地超越时间和空间的限制。因此，在魔法的世界里可以经由一种精神感应的方式来打破空间的距离，和用对待现在的方法来处理过去的事物。所以，由这些在泛灵论时期人们内在世界所体现出来的情形，似乎已使我渐渐了解到另外一个世界的问题。

较易理解的“接触”这个观念里所包含的联想的两个元素——相似性和邻接性，必须引起我们更进一步的注意。由邻接性引起的联想是一种真实性的接触，由相似引起的联想是一种抽象且富变化的接触。利用同一个词来表示两种意义，这种做法毫无疑问地表示在两者之间还存有某些相同的心理过程，这是我们还未觉察到的。论述到这里，我们发现“接触”一词意义的范围，正好又和上面我们分析禁忌时得到的结果一样。

总而言之，可以说支配魔法的法则，即建立在泛灵论思维模式基础上的那种技术，是一种“思想的全能”法则。

思想的全能

我先前用精神分析学的技术治愈一位智力极高的神经症病人时，发觉的一个词就是“思想的全能”（或意向的全能）。他常常对所有奇怪和神秘的事件用自己的想法解释，然后就像得了与受害者相同的疾病似的受到痛苦的折磨。当他想起某一个人时，他很快地确信那人将

18 世纪版画：太平洋社会群岛的祭司，头饰用编织物和羽毛制成。

刚果文物：木雕法力人像。身上挂有很多物品，用以带来法力，并有祝福的意思。挂在其上的祭品已积成一层硬壳。物品包括玻璃和陶珠、小包裹、纤维织成的篮子、缚起来的卷包、贝壳等等，赋予人像以法力。

像魔法般即刻出现。当他突然想起某一位很久不见的熟人时，将听到对方刚刚去世的消息，整个事情就像有一种精神感应传达给他。要是他无意咒骂了一位陌生人，坚信那位陌生人很快就会死亡，然后，他开始认为必须为其死亡负责。在治疗的过程中，他渐渐地能亲口告诉我，在大部分情况下，这种具有蒙骗性的现象为什么总会出现，而他又是用什么计略来帮助自己强化这种迷信观念的。所有强迫性神经症患者都依据这一方式形成迷信观念，这些观念通常违背他的合理判断。

我们可以清楚地发现残留在强迫性神经症的这种“思想的全能”现象。这些原始的思想形态和这类病人的意识方式极为相似。不过，我们不要因此而误解这便是这类神经症的特质，因为由精神分析学的研究我们还可以在其他的神经症里发现这种情形。决定这些病人症状的不是经验的真实性而是思想的真实性。神经症的病人生活在另一个世界里，这个世界只有以他那样的语言方式才能通行无阻。就如在另外一个世界里必须使用所特用的货币才能买卖东西一样。从另一角度来说，他们只受思想意向的形式和感情的因素来支配，外在世界的真实性对他们没有任何意义。促使歇斯底里症病人屡次发作的那些症状，常常是出自病人的幻想——虽然这些幻想到后来真的变成病人的症状。[①] 要是我们把神经症病人所感受的罪恶认为是真正的罪恶，那么，我们就做了错误的理解。有时，一位强迫性神经症的病人虽然从小即被认为做事认真且能体谅朋友，可是，他却仍感受到一种深重的罪恶感。这种罪恶感是有其理由的：因为在他的潜意识中，存在着对朋友有着强烈期望其死亡的观念。这件事情的发生并不是出于有意而是因为潜意识思想的活动。所以，思想的全能对心理动作过程做了较高的评价（与事实比较），似乎在神经症病人的感情生活和其衍生的事物中扮演了一个不受限制的主角。如果一位这类的病人接受了精神分析的治疗，把他潜意识里的思想体现到意识层次，那么，他将会震惊地发现，他无时不在恐惧于实现那些邪恶的期望，就如同它们必然会因实现而产生结果似的。他的这种行为和平时所奉行的迷信正表明，他与原始民族一样都认为外在世界可经由自我意向改变。

这些病人的原始强迫性行为都具有魔法的特质。它们不是以咒语就是以反咒语的方式来防止那些导致神经症的灾祸。我通过对这方面的深入研究，发现这些被期望的灾祸即是死亡。

---

① 例如，一位深夜打麻将归来的妇女，当丈夫骂她时，她忽然感觉耳朵变聋了，这是一个歇斯底里的例子，病人以此来避免听到责骂。

叔本华曾说，死亡的困扰是每一种哲学的基础。我们前面已经看到，泛灵论的核心就是信仰灵魂和魔鬼的起源，我们可以将它们一直追溯到人们对死亡的最初看法。我们不了解强迫性神经症病人的那种强迫性防卫行为是否仍然遵循相似性的定律（或者照上面的例子看来正相反）。因为这些病人外表的状态早已

19 世纪绘画：魔法师召唤神灵。

经过某些程度的改变（替换），他的某些行为也带上了错综复杂的色彩。强迫性神经症里所采取的防卫方式也类似魔法的方式。因此，我们可以找出那些早期即注定造成其症状的任何与性有关的因素（即被用魔法预防的邪恶期望），和他们如何用一种非常隐晦的方式来触犯这些被禁止的性行为。

我们在接受了前面所提的人类对宇宙观的认识阶段，即泛灵论时期、宗教时期和科学时期之后，就可以发现思想的全能的观念在这些不同时期中的进化。在泛灵论时期，人们认为自己全能。在宗教时期，人们将它归之于神明，可是并没有完全放弃自己，因为人们仍然保留了一种在某种情况下可以依照自己的期望来主宰神明力量的观点。[①] 然而，在科学的宇宙观里，这种思想的全能的观念已被排除，因为人们开始发现自己的渺小，同时必须接受死亡和自然定律的控制。不过，这种思想的全能的观念即使到现在仍然一定程度地存在于人们精神的信赖

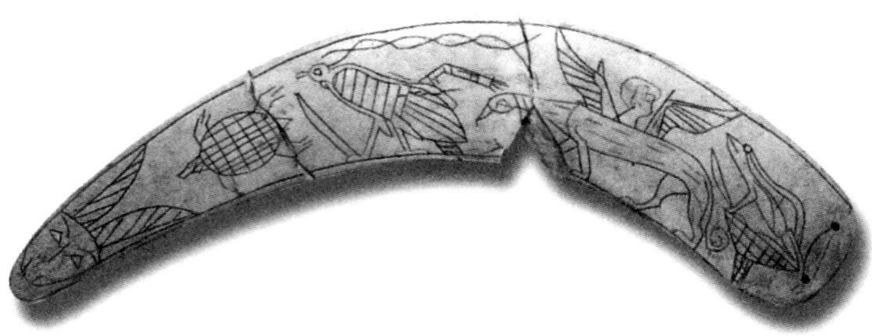

古埃及人用河马牙制成的魔法杖。据说这种魔法杖能用来保护患者和儿童。

① 保留有这种力量的最明显例子，就是祈祷和许愿等。

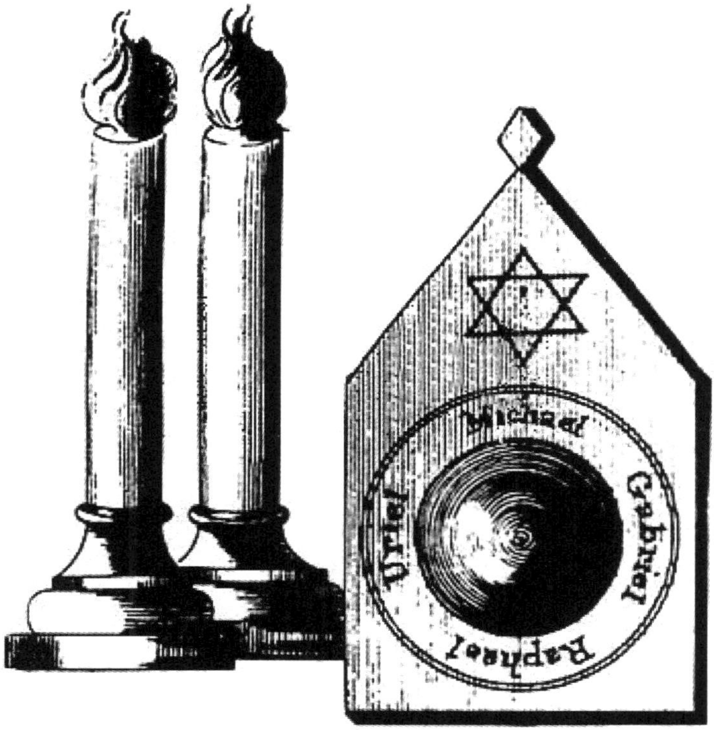

招魂用的魔法法器——蜡烛和护身符

之中。[①]

如果我们从一个人的幼儿时期就开始追踪成年后所具有性欲本能的趋向，那么，我们将发现一种像我在《性学三论》中讨论到的重要本能。性欲本能的现象早在幼儿阶段即可发

① 依照弗洛伊德的理论，存在主义一再强调的“成为上帝”的说法，我们也许可以说它或多或少夹带有这种思想。精神分析学主张“心理的决定论”，而存在主义则着重于“自由意志”。这两种主张至今仍然是哲学上的争论课题。不过“自由意志”明显地至少含有一种“成为上帝”或“全能”的意念，这在传统的精神分析学看来似乎是一种错觉。

现。在这个时期，性欲的各个本能成分各自独立运作以求取身体的快乐，并在自体内找到满足。我们称这一阶段为自爱时期。

我们经过更进一步的研究之后，就应该把自爱时期一分为二。这一时期加入自爱时期和成人的性爱这两个时期之中。此项分类已在不断地研究中显示出其重要性。在这一新时期中，那些相互独立的性欲本能慢慢地合而为一并且指向一个新目标。这个目标并不在体外而是指在同一时期中逐渐形成的自我。稍后，如果我们还看到对这一新时期的病态执着，我们就称它为“自恋”，病人的行为就如同在自我恋爱。根据我们的研究，此时病人的自我本能和原来的欲望尚未分离。

在自恋阶段，原来互不相连的性本能已合为一个整体并将自我作为一个对象而予以情感贯注。虽然我们还不能以足够精确的性来对这一阶段的特征进行描述，但是早已料想到，这种自恋组织是绝不会被完全放弃的。一个人即使在找到原欲的外在目标后，仍或多或少地保存了若干程度的自恋。原欲就像由一个人的自我开始对外扩张，它仍然可以再被逐回。热恋状态（在心理上有点像典型的精神病），正是这种扩张作用达到极致的表现。

就如前面我们一再强调的，原始民族和神经症病人给予心理动作过程很高的评价（就我们看来是过高的评价）。这种态度我们可以合理地认为和自恋有关，并且把它当作自恋的一个本质。换句话说，原始民族的思想过程仍然具有极大的性欲化。这也是导致他们相信思想的全能的原因，因为他们始终坚信可以经由一种简便的方法来主宰世界和获取无法达到的目标，这种方法已使他们相信自己在宇宙中所占有的重要地位。至于神经症病人，一方面，我们发现他们还保留着这种原始的态度；

《手形》，旧石器时代，法国多尔多涅的拉斯科岩洞的洞穴画。

另一方面，发现由于对性的压抑，使他们的思想过程更加性欲化。不管这种思想过程是一种原生现象还是由压抑即理智的自恋和思想的全能观念所导致，至少在心理上都产生了相同的影响。①

如果我们把存在于原始民族中的这种思想的全能观念视为自恋的证据，那么，我们将充满信心地就人类对宇宙观念的演化和个人原欲的发展之间做更深一层的探讨。泛灵论时期在次序和内涵上都和自恋时期相似；宗教时期就像小孩崇敬他们的父母一样，类似于目标选择时期；至于科学时期，就如一个人达到完全成熟的阶段，已放弃了纯粹的享乐主义而能就事实对自己做必须的调整，并且将他的欲望目标转移到外在世界。②

思想的全能的观念在现代文明里仅仅剩下的就只有艺术了。只有在艺术的范畴里，人们还可以根据自己的感情和欲望做出或画出任何自己想做的事情。得感谢艺术家们的这种错觉，使它们看起来就像真的一样。人们称绘画为一种“艺术的魔法”，而将画家比作魔术师。由这些对艺术的措辞看来，毫无疑问，艺术的产生并不只仅仅为了艺术。它们的主要目的是揭示那些现在大部分已被压抑了的冲动。所以，许多具有魔法作用的迹

---

① “这种说法几乎已成为一个公理，在原始民族里普遍存在着一种唯我论或者贝克莱主义（萨朵教授在研究小孩心理时所发明的一个名词），使他们拒绝承认死亡是一种必然的事实。”——马雷特

② 我在此仅提出一个简单的事实，即小孩的自恋时期对后来人格的发展具有决定性的作用，包括是否能够产生原始的自卑感。

《人与鸟》，旧石器时代，法国多尔多涅的拉斯科岩洞的洞穴画。

象我们可以在绘画中将它们发掘出来。①

三者的联系和比较

人类的心理塑造了泛灵论——这一人类对世界所描绘的第一个图像。在这个时期，一切事物尚未需要以客观的科学基础

① 参见雷诺的著作《艺术的 魔力》（1905—1912, 第1卷, 第125—136页）。雷诺在解释那些遗留在法国山洞中的动物雕刻和壁画时曾经说，这些艺术品并不在于“讨好”（或取悦自己），而是被用来“唤起”或召唤鬼魂。他用这个方式来说明为什么那些画都被安置在山洞中最暗且最难以到达的部分；同时，它们之中也不曾发现有任何一只具有掠食习惯的凶猛野兽。“在现代，人们还常抽象地提及伟大画家的神来之笔（笼统地说，即艺术魔法），这种表示，已不再带有相信人类可依照自己的意志来左右别人或事物的想法；不过就如上面我们所提过的，在一个时期里这种思想曾经存在于极少数画家的思想里。”

做出发点，因为科学只有在人类了解了世界的全部，也就是承认世界必须经由不断地探求方能知晓后，才开始产生。因此，原始民族崇拜泛灵论是可以理解而且也是必然的结果，因为他们完全用自己的看法、想法来解释世上的一切。接着，我们继续讨论原始民族将自己的心理情境投射[①]到外在世界的过程，同时，我们也将倒转过来，用泛灵论的一切来研究人类的心灵。

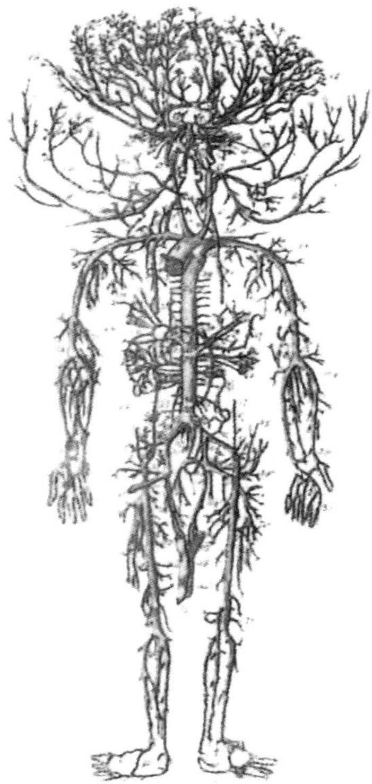

人形曼德拉草根，古希腊人认为它能带来富裕，挑起情欲，富有超自然魔力。

泛灵论的施术方法（魔法）表现了一个极明显的目的：企图利用控制心理作用的定律来操纵真实事物。虽然灵魂也可被作为魔法施术的目标，可是，它并不一定扮演一个必需的角色。因此魔法的假设似乎比泛灵论的起源更为久远，它也是构成泛灵论的核心。我们由精神分析学的观点推论到此，所得到的结论刚好和马雷特（R.Marett,1900）所致力推广的

① 他是通过所谓的内心知觉而对此有所意识的。

理论不谋而合。他主张在泛灵论以前假设尚有一个前泛灵论时期存在，这个时期的特质也许最适宜称为“无生物之有意识说”，也就是主张生命存在的普遍性。不过，已有的论述很少对这个前泛灵论的假设有所帮助，因为到目前为止，一切被发现的民族中没有一个民族不具有灵魂的观念。

虽然把意向变为全能的唯一方式仍然是魔法，只是在泛灵论时期，它已将其一部分魔力转让给了鬼魂，使它们渐渐地成为后来宗教形成的基础。也许我们会很奇怪地问：能不能说服原始民族在最初时即放弃这些权利？答案有点令人失望：他们似乎很少能发觉这种假设的错误，因为他们仍然继续使用魔法施术。

就如我在上篇所说的，灵魂和魔鬼只是人类自身情感冲动的一种投射[①]而已。人类将自己的情感贯注转向形形色色的人，并使世界充满着这样的人，从而使自己能够在自身外部遭遇自己的心理过程。

我认为对这种心理投射作用倾向的起源做假设，可能使我们进入困局。不过，我们可以很肯定地说，当投射作用有助于体现心理放松的长处时，这种倾向就会急剧加强。所有不同的冲动都具有全能这一品质，然而显然不可能都是全能。因而，哪里的冲动产生了冲突，哪里肯定就存在着对这种心理放松的企盼。例如，妄想症病人的妄想，事实上，即利用这种知觉机制来处理内在的情感冲突。这种冲突的最寻常例子是同时存在

① 我想，在自恋的这一早期阶段，这些由原欲或其他兴奋因素而引起的情感尚未分化。

巫师从蟾蜍头上取出巫石。这是许多巫术仪式的特点之一。

两种敌对的想法，例如，情感的矛盾态度。它正如在前面我们已仔细研究过的某些人对亲戚死亡时的哀悼反应（同时夹有爱和恨或者喜和悲）。像这类例子，大概是最易引发投射作用的动机。在此，我们再次同意那些认为最初的鬼魂是邪恶的神灵这一说法。同理，我们也相信鬼魂的思想必是生存者对死者印象的一种表现。不过，唯一和他们不同的是，我们并没受到“死人是反抗活人”这种想法的困扰。因此，那些使生存者产生困惑的情感冲突，就成了促使我们不断探索的原始动力。

正因为这一点，禁忌和仪式就成了人类制造鬼魂这第一个成就和他们最初的道德禁制的共同来源。事实上，来自于同一来源并不意味着它们是同时产生的。如果未亡人对死者的态度真的是引起原始人反省的最初因素，并使之不得不将自己的某些全能品质相让于神灵并牺牲一些行动自由，那么，这些文化的产物将会构成首次对某些“必然之事”的认可，这也将违反人类的自恋。因此，原始民族在屈服于死者的至上权威中似乎又有

埃及神话：伊希斯双翅拍击，将生命力注入奥西里斯体内，使他复活。

些企图想否认它。

如果我们就此假设推理下去，那么，我们又会对那些经由投射作用而创造成灵魂和鬼魂的心理构造中的必然部分做更进一步的探索。尽管这两者有着差异，不过，把纯粹的精神灵魂认为在本质上完全相同的想法却很少引起争议；也就是说，人和物都具有双重本质，它们的性质和变化只不过是由于这两种组成成分的改变而造成的。这种原始的“双重性”观念，就像目前正在流行的灵魂和肉体二元论，也正像我们惯用的口语中以“beside himself”或“coming to himself”①来形容愤怒或苏醒。

当我们和原始民族一样将某些东西投射到客观现实中去时，结果必定是我们承认有两种状态的存在。其一，某些东西能直接到达感官和意识层次（也就是“呈现”在它们面前）。其二，某物附带有另外一种潜伏但能再度显现。总之，我们承

① 这两个短语的意义分别是“愤怒”和“苏醒”。从短语来看，似乎都具有主体意识与肉体相分离的含义。

认感知和记忆的并存。或者笼统地说，承认潜意识的心理过程与意识的心理过程并存。因此，我们也可以说，人或物的“鬼魂”的回忆和幻想达到巅峰的必需条件就是对知觉的停止。①

版画：“还魂者”的浮影。描绘“复活者”从坟墓中走出来。

虽然现代科学对意识的和潜意识的心理有明确的区分，但是我们当然不能指望也以这种分野来将原始的或现代的“灵魂”观与人格中的另一半区分开来。泛灵论所指的灵魂同时包含了上述两种性质。它的动态和变化性，它的能够离开肉体以及能够暂时或永久地占用其他肉体——这些特质都使我们想起意识的本质。然而，依然潜伏在外在人格后面的是潜意识的不断联想，不变性和不能被毁灭性这些都不是意识而是潜意识的特质，因此，我们把后者认作心灵活动的真正载体。②

① 可阅读我的简短论文《精神分析学中的潜意识观念》。也许我们可以举一个简单的例子，即当一个人对死者的影像开始模糊，“鬼魂”的显现才渐达高峰。因为他对死者必须经过回忆和幻想才能到达脑海。

② 依照精神分析学的理论，冲动在潜意识里变为意识的思想或行动。一个人的思想或行动不过是在执行潜意识冲动的命令。

在前面我们已讨论了对宇宙观的一种最早的完整理论和思想体系就是泛灵论。现在，我将开始就这个体系从精神分析学的视角来做某些结论。每天，我们经历过的经验都在告诉我们关于某一“体系”的主要特质。每天晚上我们都做梦，然后，在白天，我们开始试图解释它。梦，可以不违反其本质而以多种复杂且不相关的方式出现。相反，它也可以像事实经验表达一个事件般依照次序出现，并使得内容的一部分移转到另一部

《若亚敬之梦》，意大利乔托意大利帕度亚阿雷那教堂藏（出自《若亚敬的故事》）。
画中描绘若亚敬因无子女，被赶出耶路撒冷神庙，他睡在牧羊人的小屋前，梦中一位天使告诉他玛利亚即将诞生的消息。

分。上述的结果能够或多或少地达到，不过，它却存在很多漏洞和荒诞怪异的念头。当我们开始对梦做解析时，将会成功发现里面很多古怪的现象和不规则的安排，这对我们的研究并没有多大影响。梦的主要构成元素是梦的思想，它们各具意义、连接和次序。可是，它们的排列次序并不和梦中的相同。在梦中，梦的思想之间的联系被排除了，或者，由某些新的联系来代替。梦里的元素，除了被浓缩以外，多少已脱离原先的次序而重新做出某些排列。最后，我想再补充的是，不管这些梦的思想的原始材料被梦的工作变为什么，它们都必须再面临一个更进一步的作用。这种作用也就是我们所称的“再度校正”。它主要是在避免那些由梦活动所造成的无系统和难以理解性以便替换给它们一个新的“意义”。这个再度校正而得到的新意义也不再是原来梦的思想所表达的含义。①

能够说明一个梦的体系的伪装和本质的最佳例子就是指对梦的工作的产物的再度校正。人类具有一种微妙的内在能力（指再度校正），能将它们所得到的任何材料（知觉或思想）变成连贯而易于理解的事件。当然，要是由于特殊的情况而无法建立真实的联系时，它们会毫不犹豫地臆造一种联系。经由这种方式来构成体系的除了我们所熟知的梦以外，还有恐惧症、强迫性思维和妄想等。对体系的构筑在妄想病态里（如妄想症）最明显，它构成了这类病症的主要症状，不过，我们也不能忽略它们在其他种类的精神病里的发生。在所有这类的病例中都

---

① 参见《梦的解析》一书的第六章第一节。

暴露出一个事实，即所有的心理材料都被加以重新安排而附上新的意义。为了使新的安排能在整个体系中不为人所知，因此有些改变是相当巨大的。在任何一个体系里至少都可以由它的产物（思想的方式和内容）中发现两组理由：一是导致这一体系的前提假设（常是一套妄想的理由）；二是隐藏的理由，也是我们确信真正产生作用的物质。

我们可以由一位神经症病人的例子来证明这种说法的真实性。在对禁忌的研究中我曾提到我的一位女病人，她的那种强迫性的禁忌正如毛利人的禁忌一样。这位病人的神经症是针对她的先生而设立的，尤其当她正在反抗潜意识里希望丈夫死亡

《梦》，亨利·卢梭，展现的是一种幻想中的原始森林。说它是原始森林，是指画面上那些奇怪的兽类、少见的热带植物， 除了阔叶丛林以外，还有美丽的兰花、热带水果等。这是一个没有人迹的原始丛林，在这样不可想象的环境里，一裸体女人横卧在一张不可思议的华丽沙发中。 中间一个皮肤黝黑的人，面对观众吹起长笛，一头狮子在树丛里窥探着。这一切不是真实的存在，而是一个梦境。

《目光惊恐的自画像》，蚀版画，巴洛克时期荷兰画家伦勃朗·哈门索恩·范·莱恩（Rembrandt Harmensz Van Rijin, 1606—1669）绘。荷兰阿姆斯特丹国立美术馆藏。

的那种念头时，症状更为明显。她表现出一种有规律的恐惧症，害怕任何与死亡有关的东西。不过，在这种恐惧中，她的丈夫从来没有被联想起或成为她意识中恐惧的对象。有一天，当她听到丈夫要她把不锋利的剃刀拿到某一家店铺里去磨时，她带着一种怪异的不自然出发了。可是，当她回来后，她坚持丈夫不能再使用这把剃刀，因为她发现丈夫所说的那家店铺隔壁竟然是一家殡仪馆！她坚持说，由于他（丈夫）所做的决定已无可避免地使剃刀沾上不祥（指死亡）的色彩。自然的，这些也就成为她解释自己产生禁忌行为的有系统的理由了。我们可以很肯定地说，即使不发现隔壁的殡仪馆，她回家后也必然会对剃刀产生禁忌。因为只要她在途中遇见了灵车，或者看见某一个人穿戴着丧服或手持花圈，就已经足够了。我们可以在许多微小的事件里发现引起禁忌的因素：一切只在于她是不是愿意将它们联想起来而已。也许有那么一天，当她没使这些决定因素发生作用时，可能又会自顾自地将它解释为“幸运的一天”。很显然的，她对剃刀产生禁忌的真正原因，自然是由于她对幻想丈夫可能用这把新剃刀割破喉咙因而升起的喜悦感到焦虑。①

依此类推，当人们在自己的潜意识里所渴望而又十分惧怕的情况十分符合外在环境所表现的体系时，则这种对行动的禁忌（例如不能行走或旷野恐怖），将愈来愈厉害。不管如何，病人的其他幻想和能产生作用的回忆都将沿着其症状（禁忌行为）而做过适当的调整。因此，任何尝试去了解旷野恐怖症状的复杂性和细节的企图必将徒劳无功，因为整个解释结构的严密和系统性都是表面的而已。就如同我们认真研究梦境里事物的表面结构时，不难发现它们之中充满了矛盾和冲突。类似这

① 也就是说，她在潜意识中希望丈夫死亡，可是这种念头违反了她的道德，于是，这两种情感冲突触发了恐惧症。

《狩猎归来》，彼得·柯德，阿姆斯特丹国家图书馆。

种系统化的恐惧症之所以复杂而具体，真实原因在于那些隐匿性决定因素（这些因素未必与遭受禁忌运动本身有关）。这也说明为什么这些恐惧症在不同的人那里，会有如此形形色色乃至自相矛盾的形式。

现在，让我们再回到所讨论的泛灵论体系。我们可以通过对其他心理过程系统所得到的透视而得出一个结论：即使在原始民族中，"迷信"也并不是某些特殊习俗或仪式的主要原因。因此，我们有责任探索它们所包含的真正动机。在泛灵论系统里，每一种仪式和每一个行为都必然有一系统化的理论做基础，这也是我们今天所称的"迷信"。"迷信"如同"焦虑""梦"和"魔鬼"等名词一样，仍然是一种暂时的心理概念，我们可以用精神分析学来加以解释。当我们对这些妨碍了解真相的迷信做进一步探索时，将发现对原始民族的心灵生活和文化层次仍然没有进一步的认识。

如果我们认为衡量目前文明的标准是本能的压抑，那么，我们不得不承认，即使在泛灵论系统里它们仍然取得很多进步和发展，可是，这种进步和发展都被人们认为是以迷信为动因，而加以不公平地对待了。当我们听到原始部落的战士在出征前严厉地施行节欲和净身时，这种动机被解释为“害怕敌人得到他们的衣物而使用魔法来毁灭他们”，同样的迷信理由被用来证实他们的节欲原因。不过，无论如何，他们做了一种本能的自制仍然是一个事实。也许，我们可以用另一种解释方式使这种做法更加简明：我们假设原始部落战士甘于屈服于这种禁忌只是一种反面的姿态，因为他们自身也正因为对禁忌的屈服，所以往往想从达到某些平时被禁止的邪恶欲望之中获取满足。同样的解释可以用来说明为什么性禁忌常被加在那些将从事危

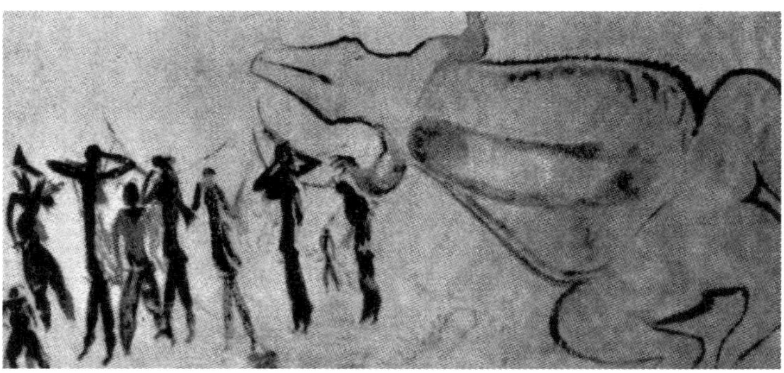

津巴布韦古代岩画：猎人和死的鳄鱼。左边一群猎人正在举行出猎前的祈祷仪式，祈求狩猎成功；右边是一条大型死鳄鱼。

险任务的人身上。虽然这些禁忌产生了与魔法相似的某种关联，可是，我们仍然可以说，那种认为放弃某些本能上的满足必然

《青春期》，爱德华·蒙克，挪威奥斯陆国立美术馆藏。表现在半夜里少女第一次来月经时的不安神态。

可以增强力量的基本想法产生了很大作用。除了基于魔法的解释以外，禁忌在卫生方面的动因也是不容忽视的。当一个原始部族的男人出外远征、狩猎或采撷珍贵的植物时，他们的妻子

印度马德拉斯的节庆。印度禁欲主义的形式奇特多样。为培养自制力，而不在乎身体的需要、欲望和厌恶，许多人都乐意面带微笑经受奇特的自我折磨。这些人脖子上带着花环，大脚趾上套着脚环在赤热的灰烬上行走。伞下是一祭坛。

在家里都遭受某些禁忌，这些禁忌的作用就是可使丈夫的远征和狩猎得到成功。我们可清楚了解这种禁忌的目的不过是在消除男人们对家庭的牵挂。由这些推论我们同时可以发现一种心理上的重要问题，即男人在远离家门后，只有当他们觉得他们的妻子在家里是绝对安全时，他们才能尽全力去工作。有时候，他们甚至舍弃任何迷信理由而认为，妻子对婚姻的不贞将使他们在外面的任何重要工作趋于失败。

在原始部落里，妇女在月经期间被加上了禁忌，无可否认

的，对于血的迷信恐惧扮演了一个重要角色。不过，我们仍然不能忽视在对血的迷信恐惧中包含了美观和卫生的目的。

在讨论这些解释理论时，我使自己保持在一种清醒与客观的态度上。我详细地考虑过了原始民族这种细致心理状态的各种可能性和可能的解释。我想，我们对那些仍然残存在泛灵论时期的原始民族所抱持的态度，就如同我们对小孩心灵生活所采取的看法一样，由于错误地过分低估，他们心灵感觉上的那种充实性和敏感性，我们已不能再做更深一层的研究了。

我们对一种和精神分析学家所做的论述相类似的禁忌还要进行讨论。在许多原始民族里，人们禁止将尖锐的武器或砍伐的器具放置于室内。弗雷泽曾经引用一个德国的迷信做法，他们认为不可将锋利的刀口朝上，因为他们怕上帝和天使可能因不小心而受到伤害。对于这种迷信，我们认为它是一种为了预防潜意识中邪恶念头的实行而导致危害的有效措施。

第四部分

在孩童时期重现的图腾崇拜

出现在秘鲁纳斯卡荒原的图案。有的科学家认为，荒原图案可能是古纳斯卡人举行宗教仪式的场地，图案中的每个图像分别为各个氏族的图腾。纳斯卡荒原图案仍是一个未解之谜。

心理行动和构造系统在传统的观念里常常受到某些严厉的批判，其原因在于它们被看成一种不变的形式。精神分析学已首次排除了这种观念。在下面，我们将继续探索如同宗教那样极端复杂的思想的最早起源。如果精神分析学的论述仅仅出于某种责任而被迫将所有的重点放在某一个特殊来源时，那并不是表示这个来源是唯一的，或者是在几个对立的因素中占了最重要的地位。只有当我们能够将所有的论点经由各方面得到证实，才能在宗教形成的解释上占有一席之地。

但是，这种研究已经超越了一个精神分析学家所应追求的理想和目标了。

什么是图腾崇拜

我们在本书的开始，就已认识了图腾崇拜这一概念。我们知道，图腾崇拜是澳洲和非洲原始民族用来取代宗教信仰的体系，它构成了当时社会结构的基础。就我们所知，在1869年，一个苏格兰人首先开始对图腾崇拜的现象做深刻的研究（在此以前它只被当成一种好奇的东西）。他发现从古至今的不同社会里，有许多习惯和风俗都保留有某些圈腾时代的痕迹。从此，人们接受了他对图腾崇拜的看法。让我引用一个对这个问题的最新说法，这是冯特在《民族心理纲要》一书中提出的："从这些事实中，我们得到了一个重要的结论，即在某一个时期图腾文化已经对更进一步的文明进化奠定了基础，也就是它在初民岁月和英雄及神话时代之间产生了一个过渡作用。"

我将在本章里更进一步讨论图腾崇拜的本质。为了简明起见，我将从雷诺在1900年对图腾崇拜所总结的有12个教条的"图腾崇拜法"开始讨论：

1. 禁止杀害或食用某种动物，但是，这种动物却可单独地被饲养和照顾。

2. 某种动物因意外而死亡时，它将像其他族人的死亡一样受到隆重的礼葬。

3. 在某些情形下，禁食的禁忌仅仅是指动物身体的某一部位。

古代非洲部落的图腾：双头蛇和金甲虫。

4. 当某种通常已被赦免的动物，由于事实需要而必须加以杀害时，则必须举行请求宽恕的仪式，同时，制造不同的伪装和借口来试图避免因破坏禁忌（也就是指这种谋杀）而可能遭受的报复。

5. 当动物被用作某一种仪式典礼的祭品时，它将得到庄严的哀悼。

澳洲土著居民在狂欢前与图腾柱合影

6. 在某些庄严的场合和宗教仪式里，人们披上了某种动物的皮。在这种情形下，图腾崇拜仍然发挥着作用，因为，它们是图腾动物。

7. 部落和个人必须以动物——即图腾动物名称命名。

8. 许多部落在他们的军旗和武器上画上动物的形态，人们还将动物的形态刻画到身体上。

9. 如果图腾是一种令人感到危险的动物，那么他们坚信在部落中以它为名的氏族成员能够免遭痛苦。

10. 图腾动物能够保护和警告它的部族。

11. 图腾动物能够对部落内的忠贞族人预言未来，并充当他们的引路人。

12. 在图腾部落内的成员常深信他们和图腾动物之间祖先的起源相同。

从以上12个教条中我们可以看出，雷诺对图腾崇拜的解释，只不过是综合记录了以前所有关于图腾社会里的种种象征和痕迹罢了，他并没有进一步说明图腾崇拜的内在本质。就如同我们已经了解的，他只是将图腾崇拜里两个主要部分之一加以研究，却忽视了另外一部分的存在。

为了加强对图腾崇拜的本质了解，我们必须提到另外一位已经撰写了四本书，对图腾崇拜提出有系统的说明、讨论和研究的作者。虽然精神分析学研究的结果和他的见解之间有许多差异，可是，为了使我们能对图腾崇拜得到适当的了解和产生兴趣，我们还是应该提到这位《图腾崇拜与外婚制度》的作者——弗雷泽。

中国一些少数民族至今还尊猴为“祖神”。藏族古称吐蕃，先民以猴为祖图腾，吐蕃人古有“纹猴面”的习俗。云南西双版纳、景洪的克木人均崇猴，严禁捕捉和食用。广西南丹县的瑶族称其始祖妣为“母猴”。土家族、羌族也都有崇猴氏族。

在这里，我必须提醒大家的是，不要轻易尝试将与这个问题有关的研究说明全部融合到弗雷泽提出的论题之中。其中的理由如下。

那些收集和观察的人并不同于

那些从事分析研究的人。因为，前者常是一些旅行者和传教士，而后者则是一些从未亲眼看见过自己的研究对象的学生们。观察者常是一些不太熟悉当地语言的人，他们只能通过翻译或者

女性图腾

使用一些通用语言来寻求问题的解答。我们很难领会到原始民族的族民对他们的文化生活中最微妙部分的记述，因为他们只对那些长久居住在当地且为他们所熟悉的外国人谈论到这些问题。而且，他们也常会经由各种不同的渠道，输送一些错误或者能导致错误结论的资料。同时，我们必须记住，这些原始民族并不是一个年轻的新民族，他们的存在仍然像我们这些自称文明化的民族一样具有悠远的历史。因此，我们不能愚昧地假定，他们会为了方便我们收集资料，将原始思想和风俗一直保留原状而不经过任何进化和改变。相反，我们可以确定地说，这些原始民族必然在各方面都已有了深刻的改变。因此，我们将面临一个重要的问题，即现有所保留的各种现象和思想，究竟与原始状态相比有了多少的改变和进步。这也是不少专家不断争论某些特性是否为原始或稍后才产生等问题的原因。因此，对于这些事物的原始状态，常成为一种解释上的问题了。最后我想讲的一点是，一个人很难设身处地地来从事一种原始的思考方式。我们常常习惯于用自己的心灵模式去体验原始民族的行为和感受，也有可能会误解他们的思想，就如同我们误解小孩子一样。

弗雷泽在他的第一册书里写道："图腾是一群原始民族所迷信而崇拜的物体，他们相信在自己与它们之间的任何一个都保存有极亲密且特殊的关系。……个人和图腾之间的关联是一种自然利益的结合：图腾保护人们，而人们则以各种不同的方式来表示对它的爱戴。如果它是一种动物，那么，即禁止杀害它；如果它是一种植物，那么，即禁止砍伐或收集它。图腾和偶像

土著村落的酋长在图腾前双手合十，为族人祈福。

之间最主要的区别是：图腾从不会是单独的个体，它常是一整群的物体，通常是指某一种类的动物或植物，很少是指一群无生命的自然物，更很少是指一群人工制作的物体……”

“图腾至少有三个种类：(1) 部落图腾，即整个部落的族民皆具有相同的图腾，它们是一代一代传继下来的。(2) 性图腾，在一个种族中的所有男性或女性共同拥有的图腾，通常只包括同一性别的人在内。(3) 个人图腾，仅属于某一个人的图腾，它不再传继到下一代……”

我认为，后两种图腾形式是较晚才发展形成的，其重要性并不如部落图腾那样特殊，所以，它们对图腾本质的研究并没有多大帮助。

“在属于同一个部落图腾中的所有男人和女人都深信自己是来自于相同的祖先并且具有共同的血缘，他们之间由于一种共同的义务和对图腾的共同信仰而紧密地结合在一起。图腾崇拜不但是一种宗教信仰，同时也是一种社会结构。就宗教信仰方面来说，人们对图腾具有一种出自本能的尊敬和保护关系；就社会观点来说，它不仅表示出同部族内各族民之间的相互关系，同时，也表明了与其他部族之间应有的关系。可是，在后

苗族是一个以鸟为图腾的部落，盛装打扮的姑娘们头饰为锦鸡。

来的不断发展中，图腾的这两种形态有部分渐渐地相互混淆：社会意义有时超过了宗教意义；或者在以图腾为基础的社会结构消失的地区里，宗教意义超越了社会意义。我们很难准确地说，在图腾的起源中，这两种不同的意义是按照何种关系而共存。不过，在所有的证据中都显示出这两种意义在起源上是紧密相连的，因为当我们愈往前追溯时，我们愈发现原始部落的族民视自己和图腾为同一种族来源；换言之，我们追溯得越远，就越能发现氏族成员将自己与图腾视为同种系生物，并不区分对待图腾和对待氏族同胞的行为。”

弗雷泽在谈到图腾崇拜为一种宗教信仰时，一开始就说明，在一个图腾部落里的成员不仅每一个人都以图腾来命名，而且往往相信他们是由图腾所繁衍而来。也正因为这种信仰，所以他们禁止捕杀或食用图腾动物。倘若图腾并非动物时，则他们同样地禁止使用它们。禁止捕杀或使用图腾并不是唯一的禁忌，有时候甚至禁止触摸或注视它。在许多例子里，还更进一步禁止提及图腾的名字。任何违反这种禁忌的人将遭受严重的疾病或死亡作为惩罚。

一个部落的族民常常非常谨慎地饲养图腾动物。当它死亡时，则一如族人死亡一样地接受族民的哀悼和埋葬。假若由于必要而必须杀死图腾时，那么，在事前必须举行宗教仪式似的道歉和赎罪仪式。

族民们期望图腾保护和照顾他们。如果图腾是属于一种凶恶的动物（如肉食野兽或毒蛇），它在事先也被想象为不会伤害自己的族人。要是有人受到图腾的伤害，那么，他将被逐出

图腾柱

部落。就弗雷泽的看法，誓约或诅咒是一种制裁法，因此，许多纷争或法律上的问题都取决于图腾的裁判。图腾帮助族里的人民免除疾病，同时，也将预兆和警告传达给族民。当图腾出现在某一居住的房舍时，常被视为一种死亡的征兆。

在某些特别的场合里，原始民族常会特别强调他们与图腾间的共同点。例如，在外形上装扮得类似它，或者在自己的身体上刻画出图腾的图案，等等。这种模仿图腾产生的作用，可以在出生、成人礼和丧礼中明显地显示出来。在具有传奇和宗教目的的场合里，所有的族民都必须装扮成图腾的模样，同时模仿着它的行为。最后，当图腾动物经由庆祝仪式

图腾柱特写

加以杀害时，整个仪式也就达到了高潮。

在图腾的社会结构里存在着极严厉的禁忌。同一部落的族民不仅彼此认为是兄弟和姐妹，同时，他们也必须相互照顾和保护。当部落中的任何一个人被外族人所谋杀时，谋杀者的族民必须担负起所有的过失，而受害者的全体族民则应共同担负起复仇的责任。就我的认识来讲，图腾的结合力量似乎远超过家庭的力量。而且，这一种结构并不相同，因为按照图腾的法则，它是由母系所传递下来的，父系则不受到重视。

在图腾社会里，禁止相同图腾内的族民相互结婚或发生性关系是一个相当严厉的禁忌。在此，我们将发现一个与图腾具有神秘关联的现象——外婚制。在本书的第一章中，我已对此做了认真的阐述，因此，现在我希望再次强调，这是原始民族对乱伦的畏惧所产生的结果。如果我们把它看成是为了防止下一代与上一代之间发生乱伦关系所形成的禁忌，那么，我们将能够充分地加以解释和了解有关它的种种迹象。

除了弗雷泽最早对图腾崇拜所做的讨论外，我想再提出一个最近的研究报告。在冯特所著《民族心理学纲要》中提道：

赫哲族鱼皮熊图腾

“图腾动物常被认为是宗族的祖先，就某一观点来说，‘图腾’是一种集体的名称，也是一种祖先的象征。尤其它与后者的关联中保留有浓厚的神话色彩。这些不同的想法往往各依着各种方式而相互发生作用。它有些时候可能包含有某些意义而变成一种仅代表部落或宗族的名称而已；可是，有些时候这种祖先观念或者文化特色又开始渐渐兴起而控制着整个当时的思想……”无疑，图腾崇拜的观念对于部落的区别和结构具有至关重要的影响，因为这些都是由习俗的规范造成的。“由这些规范和他们所信仰的事物中显示出了一个事实，即图腾动物不仅被用来作为部落的命名，同时，也被认为是部族的祖先……

与此相关的是，我们发现这种动物拥有一套为人信仰的礼仪方式……撇开特殊的仪式不谈，这种动物崇拜在本质上是针对图腾动物而设的。因此，对于动物的崇拜并不仅仅是指某一特殊动物，而是凡属于同种动物均具有代表性的神圣性。属于同一图腾的族民严厉地禁止食用图腾动物，除非在某些特殊的情况下这种禁忌才暂时被取消。最明显的例子，即在某些特殊仪式中，食用图腾动物被视为这种仪式的高潮……”

美国阿拉斯加州海达堡海达人的图腾柱

“……从社会学的角度来讲，这种图腾部落的结构是控制不同部族间发生性关系的一种规范和习俗。在这些规范中，婚姻关系被认为是极受重视的问题。这一时期的部落结构包含了一个重要的部分——外婚制，这也是从图腾时代演变而来。”

如果我们在对图腾崇拜的本质做进一步探讨时，暂时不考虑某些后来附加上或消失的因素，那么，我们将发现它原来的特性是：最初，图腾都是动物，作为许多不同种族的祖先，图腾只经由母系传承。禁止杀害和食用图腾以及严厉禁止属于同一图腾的族民之间发生性关系。[①]

图腾崇拜与外婚制

我们之所以要努力去探索和研究图腾崇拜的本质，是因为它是所有文化进化史上的一个必经阶段。然而，每一件与图腾崇拜相关联的事物似乎都不容易理解，例如：认为图腾为最早祖先的想法；外婚制形成的理由（或者为怕乱伦而设的禁忌）；图腾社会和乱伦禁忌间的关联，等等。任何恰当的解释都必须在历史和心理发展上找到充分的证据。

宣德青花雕螭龙纹鸟食罐螭龙纹是原始社会形成的图腾标志之一

① 弗雷泽在他的著作《图腾的起源》中与我上面所说的话同义，他说："如此，图腾崇拜常被认为是一种宗教和社会的原始系统。就宗教来说，它包含了原始人民和图腾间的神秘结合；就社会结构来说，它规划出了同一图腾部落内的男女关系和与其他图腾群体间的相互关系。在这个系统中，我们可以粗略地将图腾崇拜分成两个部分：第一，禁止族民杀害或食用其图腾动物或植物；第二，禁止同一图腾内的族民通婚或发生性关系。"他接着叙述道："这两种形态——宗教意义和社会意义——是否同时存在，或者在本质上为相互独立，一直是学者争论的焦点。"

它必须清楚地告诉我们，在何种情况下这些特殊的现象才能发生，同时，这些特殊行为或禁忌能表达人类何种心理需要。

许多专家学者对此发表了诸多学说，我想读者肯定会惊讶万分。但几乎每一个对图腾崇拜和外婚制的探索都不会清楚地得到答案。即使上面我一再提及的弗雷泽，也会对过去的解释做进一步的修正。①

我们在解答图腾崇拜和外婚制的本质之前，必须先对这两种结构的起源有更深入的研究。不过，我们还是应该相信朗格所说的，即使在原始的民族里也无法保留这些结构的原始状态，因此在这种情况下，我们不得不在研究过程中做某些程度的想象。② 在这些解释之中，有些过于机械和理性化而忽略了情感的因素，有些则纯粹利用假设而无法经由观察得到证据。我们可以清楚地发现，这些专家在批评他人的理论时，其尖锐敏感的程度似乎远远超过自己的研究成果。在此，我想先对众说纷纭的各派学说做个简单的介绍，同时，我会不按照年代顺序而是以同一论题所表现的不同理论来作为对比。

1. 图腾崇拜的起源

我认为，应该把图腾崇拜起源问题的重心放置在原始民族如何和为什么会把动物、植物及无生命的物体③ 的名称用在自

---

① 他曾对这种修正做了如下令人激赏的声明："我想我还不至于愚笨到把这些结果当成最后的结论。我已对我的观点做了多次修正，只要证据有了任何改变，那么，我将随时准备更正我的看法。这就如同变色蜥蜴一样，它必须跟随着所行走道路的颜色随时加以改变。"

② "事实上，图腾崇拜的起源已远超出历史考证范围，因此，我们只有加以推测。""我们已无法看到最原始的民族和图腾制度的形成过程。"——朗格

③ 最早，可能是仅以动物的名称来命名。

己或部落身上?

当苏格兰人麦克雷南发现图腾崇拜和外婚制后(1865和1869—1870),就避免讨论任何有关图腾崇拜起源的文字。依照朗格的说法,他当时曾一度认为这是由禁忌习惯造成的结果。我打算把有关图腾崇拜起源的研究归类为三种:(一)唯名论的学说;(二)社会学的理论;(三)心理学的理论。

太阳神图腾岩画

（一）唯名论的学说

我们在秘鲁印加后裔加西拉索·德拉维加（Garcilasso de la Vega）在17世纪撰写的一部本民族史中发现，在17世纪时，他们已知道怎样用名称来区别族与族之间的不同。基恩(Keane)认为图腾是一种标志，用它来区分个人、家庭和种族。麦克思·缪勒（Max–Mtiller）在后来做了类似的解释：“图腾，刚开始是一种种族的标记，然后转变成为种族的名称，接着变为种族祖先的名称，最后才演变为种族所崇拜东西的名称。”朱丽斯·皮克勒（Julins Pikler）在稍后又提出：“基于实际上的需要，人类开始把社会和个人附上了一个永恒的名称以便于记载……因此，图腾的产生并不是因为人类宗教上的需要，而是出自于实用和日常生活的要求。图腾崇拜的最重要组成——命名法，

嘉峪关黑山岩画上的老虎和蟒蛇——都是凶猛的动物，神秘且有灵性，人们把它们当作一种图腾崇拜，在岩石上记录下来。

实在是由于原始书写所产生的结果。图腾的本质就像一个通俗易懂的象形文字。只是，当原始民族习惯于某一动物的命名后，自然而然地对它产生了一种和它极为熟悉及亲近的念头了。”

如同上述说法，赫巴特·斯本塞（Hebert Spencer）也认为产生图腾崇拜的决定性因素是这种命名方式。他讨论道，由于某些个人的特殊性格，使同伴们偶然以某种动物的名称称呼他（例如由于某人的特殊性格或体型像狮子或老虎，同伴很自然地称他为狮子、老虎等——译者注）。这种称呼经过不断转变，逐渐成为后人对祖先的一种尊称。在这种转变过程中，由于原始语言的表达不甚明确，使后来的族民竟慢慢地相信并且认为他们的祖先是由动物演变而来。因此，图腾崇拜实在可以说是一种被曲解了的祖先崇拜。

牛河梁出土的玉凤是红山文化中最著名的文物。红山文化的凤鸟母题是自然神崇拜向图腾崇拜过程中，原始先民探索方位神灵的玉质神祇。

艾夫伯里（Lord Avefury）虽然不像赫巴特·斯本塞那样强调这种误解所造成的影响，但他也做了类似的说明。他认为在解释这种动物崇拜之前，必须先了解究竟有多少人类的名字是沿用动物的名称。例如，当一个名为“鹿”或“虎”的人，由于不断地繁衍，其子孙也就很自然地将它视为种族名称了。因此，我们可以说以动物来命名刚开始可能只是出于好奇，可是，后来由于时代的不断进化，使它渐渐地转变为代表一种仰慕和敬畏了。

但是，费森又对上面所记述的图腾是由某一人的名称转化而来的说法，提出了强硬的反驳意见。他在澳洲土著人的研究

嘉峪关黑山岩画舞蹈图不仅场面宏大，而且人物众多，有 32 个人物。分为三个段落，有领舞、伴舞和群舞。它表明人物身份、地位不同，形态有双手叉腰的，有单臂独舞的，而且在这个画面上，还有一个人像巫师一样跪在地上。整个场景庄严、肃穆，是一种祈祷或巫事形式的表现。

中提出:“图腾是一个群体的标记而不是仅属于某一个人所有。”即使这种论点不能成立（即图腾果真由个人名称衍生而来），仍然无法像艾夫伯里所说的那样能够传递到其子孙身上，因为按照通常惯例，图腾的传递仅可经由母亲而不经由父亲。

再者，我在上面所提及的理论显然仍有不足之处。也许我们可以用它来解释原始民族用动物作为种族标记的行为目的，但是，它们还是无法用来证明紧随命名而来的图腾结构及由此产生的奇迹。在这类学说之中，较值得注意的只有朗格所提出的理论。他也是将命名的起源作为整个记述的中心，不过他同时指出了两个极有趣的能引导我们解开图腾崇拜之谜的关键的心理因素。

朗格对一个种族为什么会用某一种物的名称来作为标记并不十分重视。因为，他认为这是一个非常容易明白的问题。你只要假设，有一天当他们睡醒以后突然想起某一种动物的名称而加以命名即可以了，根本不必深究他们会用这种名称的原因。由于名称的起源已无法考证，因此，后来的族民对此做了许多猜测并企图加以解释，且由于原始民族对姓名的偏爱，因此许多与此有关联的事物也就渐渐地积聚而形成图腾结构了。原始民族（或者较进化的土著人，甚至我们自己的小孩）并不像我们一样将姓名视为仅是一种用以称呼的标记，他们很严肃地将姓名看成一种神圣且不可侵犯的东西。姓名在他们看来是人格的重要部分，甚至是构成自己灵魂的一个因素。事实上，当原始民族将自己取名为某一动物后，必然会坚信，他们和该动物之间已然存在着一种不可分割的关系。而这种关系，只要你仔

细地思考，将不难发现血缘关系最易为人所接受。也正因为如此，当想及人和动物之间名称的关系后，有关血禁忌的禁制也

鲁凯族的图腾 鲁凯族视百步蛇为祖灵的象征

就自然地包含在图腾的仪式中，这些禁忌当然包括了外婚制。“一群未知起源的动物名称，相信具有同一名称的人或动物之间，保有一种神秘的关联和对血的迷信，这三种因素构成了所有图腾的仪式和禁忌，其中包括了外婚制。”

朗格的解释分成了两个部分：第一部分，他从图腾名称的起源探索出心理因素的存在；第二部分，他企图去了解这些名称的真正起源。如同我们所见，他的第二部分显然与第一部分有些差异。

朗格在其第二部分理论中所做的研究与我所称“唯名论者”的其他人并无显著不同。因为，他仍然相信图腾形成的主要因

铜鼓是虔诚礼拜的神器，是瑶族家族权利的重器和财富的象征，同时又是一种图腾崇拜。铜鼓集中了图腾崇拜和艺术之精华，是大山的精灵和民族精神的寄托，肩负着一个山居民族的神圣使命。

素是由于种族称呼和区别上的便利。这种“无中生有”的命名方式，是他的理论中的主要基础。他认为原始民族用动物名称来命名之举无需再做任何补充或说明，因为命名本身并不表示具备任何意义。稍后，他又在历史的进化中找出了若干例子，指出有些种族的命名是由外族的戏称而渐渐为人所接受和承认的（如：“Whigs”和“Toris”，前者指美国独立运动时的革命党员，即主张革命反对英国的美国人；后者则指美国独立战争时倾向于英国的美国人）。这些理论和假设是这类学说中的概要。

（二）社会学的理论

雷诺对图腾结构在后期所残留的社会习俗经过深刻探索之后，确信图腾崇拜的存在只不过是为了体现一种社会制度。类似的观点最近又在杜克海姆（Durkheim）的书中出现。他解释道，图腾是一种社会宗教的形式，它使整个社会拥有了具体化的结构。

其他的作者则发现了构成图腾结构的某些社会特质。例如，哈敦（Haddon）假设，每一个原始部落常以某种动物或植物为生，或者以此与其他部落交换及从事贸易。在这种情况下，一个部落也就很自然地被其他部落以该动物的名称来称呼了。当然，一个部落对于自己赖以为生的动物一定具有高度的熟悉和兴趣，由此而逐渐形成图腾崇拜。

然而，有些专家却对这种关于图腾崇拜的“合理”化解释提出异议，他们认为在原始民族的生活史中并没有发现这类情况的存在。原始民族大多是杂食性的，因此，如上所述的食物

美洲文化图腾柱

习惯可能性极小。而且，由饮食习惯导致对图腾的宗教信仰，即这种由嗜食某种动植物而转变为对其绝对禁食的戏剧性转变确实令人难以接受。

在对图腾崇拜起源的讨论中，弗雷泽曾经用过几种说法。最初，他致力于心理学方面的解释，可是当他看到两位专家对澳洲中部土著人的研究报告后又做了更改。

斯宾塞（Spencer）和纪伦（Gillen）于 1899 年在研究阿龙塔族中几个部落的某些特殊仪式习俗和信仰后，做了许多说明。弗雷泽对于他们的说明和发现极为重视，认为将有助于解开图腾崇拜起源及其含义之谜。

在阿龙塔部落（阿龙塔族的一部分）中所发现的特殊现象大致如下：

(1) 阿龙塔被分成几个图腾部落，然而，图腾的存在并不是由传递而来，它的决定方式我们将在稍后讨论。

(2) 图腾部落并不采行外婚制，但所有通婚必须遵照严格制定的婚姻阶级限制且不得触犯。这种婚姻阶级的划分与图腾并无关联。

(3) 部落图腾的作用在于通过一种仪式，以神秘的方式来祈求可食性图腾动物的不断繁殖。这种仪式称为“因特祈玛”(intichiuma)。

(4) 阿龙塔有一套特殊的有关再生的理论。认为那些已死图腾的灵魂都附着于部落各个角落的“图腾中心”，并且都在伺机转世或投胎于途经该地的妇女身上。当一个婴儿出生以后，母亲即判断他可能是在哪个地方投生的，也就用那个地方的图腾来作

古时雷南人的图腾：守村石狗。

为婴儿的图腾。他们同时对这些灵魂（已死或投生的）与在该地所发现的某种叫“珠灵珈”的石头护身物有着神秘的关联深信不疑。

从上面的说法，我们可以确切地发现，有两个主要因素促使弗雷泽假设阿龙塔人的仪式是构成图腾崇拜的最早方式。第一，在某些神秘且难以理解的事件中显示出阿龙塔人往往食用其图腾动物，同时，与本图腾的妇女通婚。第二，在他们对造成妇女怀孕的可行性判定中，似乎认为性行为并不重要。所以，最原始的民族可能就是那些还不能明白发生性行为是导致怀孕

苍山西坡史前崖画

近年，在苍山西坡先后发现了多处濒临消亡的原始艺术——崖画。苍山西坡崖画多以赭红色颜料绘制，生动传神。崖画内容丰富多彩，大致可分为人类起源、自然崇拜、图腾崇拜、祖先崇拜、祭祀活动等。

的必备条件的人。

当弗雷泽把他对图腾崇拜的论述集中在对因特祈玛仪式时，他开始对图腾制度产生了一个新的看法：图腾制度是基于人类自然需要所形成的一种实用组织。原始民族用此建立了一个极奇妙的贸易制度。每一个图腾部落都保护出产某一种食物。至于那些非可食性图腾（如凶残的野兽、风雨等）的部落，则是利用图腾来控制自然力量或减低其可能的伤害力。每一个部落的存在似乎都对其他部落有一定益处，因为，每一个部落都

晋宁石寨山铜锣面鸟形扮饰仪式绘刻

禁止或很少食用其图腾动物，如此则造成了与其他部落交换食物的机会。从因特祈玛仪式的研究中，弗雷泽开始相信，禁止食用本族的图腾使人们忽视了一个更重要的因素：要求生产更

史前东夷人的图腾崇拜——在中国古代文献记载中有“玄鸟生商”的神话，人们把玄鸟作为商族的图腾。事实上，以鸟为图腾并非只是商族才有，中国远古人类已经有了鸟图腾崇拜的习俗，现存山东省博物馆的山东泰安大汶口文化遗址和山东潍坊姚官庄龙山文化遗址出土的陶鬶，即史前先民鸟图腾崇拜的真实反映和艺术再现。

多的可食性图腾来满足其他部落的需要。

弗雷泽从阿龙塔人的传统观念中得知，每一个图腾部落在刚开始时并不限制食用其图腾动物。可是，在这个基础上，我们将很难解释其第二步的推论，即放弃自己的图腾而供给他族食用这种改变。弗雷泽对心理转变会做如下的解释：禁食图腾的禁忌并不是出于宗教的观点，它可能是原始民族长期观察动物食物的习惯而来。他们发现动物很少食用同类的肉，使他们相信食用自己的图腾将对其共同作用产生破坏，同时也将降低有效控制它的能力。可是，他对这些解释中的另一个复杂现象却没有做任何进一步的说明：阿龙塔人所采行同图腾内相互结婚的制度为什么会转化为外婚制。

弗雷泽由因特祈玛仪式观察而得到的结论，似乎对阿龙塔人习俗的原始性质做了某些猜测。但这种猜测却遭到杜克海姆和朗格的批评。与弗雷泽相反，他们认为阿龙塔人似乎是澳洲土著人中最进化的一支，因此，它所信仰的图腾崇拜与其说是一种最原始形态，倒不如说它正处于瓦解阶段。

（三）心理学上的理论

弗雷泽的第一个心理学上的观点，是在他尚未熟识斯本塞和纪伦的观察以前提出的。它主要是建筑在相信有一“外在灵魂”的基础上。依这种观点而言，图腾被当作一种灵魂的避难所，可以使灵魂免遭迫害。当一个原始民族的族民将自己的灵魂托付于图腾后，他即认为可避免外来的危害。正因如此，他自然必须去尊重和保护图腾。而且，因为他不能分辨图腾动物里的哪一只寄托着他的灵魂，因此他开始将保护对象扩展到同一种类的所有动物。

弗雷泽后来认为，把灵魂信仰当作图腾崇拜起源的想法是不切合实际的。当他看到了斯本塞和纪伦的观察报告后，开始承认上面我曾提到过的社会学上的理论。不过，他渐渐又发现用社会学的观点来解释图腾崇拜的形成仍有许多疑点，因为这些促成图腾形成的动机似乎太过于“理智化”，而且，从其复

生殖之神及死后永生之神奥斯里斯

头戴王冠，冠顶饰有太阳盘，手持弯柄杖和连枷，身穿白色亚麻布， 身体两侧各有一只荷鲁斯的眼睛（古埃及绘画）。

杂的社会结构来看，这些动机仍然很难令人相信是最原始的状态。于是，他开始寻求其他更简单的因素，希望找出那些包含于这种结构内的更原始的迷信，以便解开图腾崇拜之谜。最后，他终于在阿龙塔人著名的有关怀孕的故事中找到了这种原始因素。

大足石刻《六道轮回图》

像我前面说的，阿龙塔人将性行为与怀孕之间的可能性加以排除。当一位妇女感觉到自己是一位母亲时，那些聚集在图腾中心等待转世的灵魂（死人）之一即投入其体内而变为胎儿，然后，这个胎儿即与其图腾中心同属于一个图腾。不过，这种怀孕的理论显然仍无法解开图腾崇拜之谜，因为它早已肯定了图腾的存在。现在，我们照他们的理论来推衍，那么，可以发现一个人与其图腾的认同，是基于其母亲的信仰和所伴随的禁忌仪式而来。一个人将拒绝食用其图腾动物或植物，因为他们深信食用图腾即为食用自己。不过，在某些仪式中，这种禁忌已被打破。他们利用在仪式中分享图腾以增强对它的认可，这也是图腾崇拜的本质。里弗斯（Rivers）曾经对居住在班克斯群岛的土著人进行了一些观察，发现他们似乎也类似上面所说，以怀孕理论为基础来认同其图腾。

丰产仪式中的女神——维林多夫母神。这尊奥地利出土的女神像乳房被夸大，身体肥硕。对于在恶劣自然环境下生活的人们来说，丰腴就意味着能生养，这是种族延续的最现实的期待。

因此，图腾崇拜的唯一来源就是，男人们对自己在繁殖过程中所起的作用和人类对自身和动物的生殖过程的无知。这种无知，也许我们可以解释为由于性行为的发生和生产之间间隔了很长时间而使人们逐渐遗忘了其中的关联。基于上述的理由，我们就能明白图腾崇拜的形成似乎与女性心理有着较密切的联系：它是根源于“怀孕妇女的错误幻想”。“当一位妇女第一次知道自己将成为母亲的瞬间，这是一个奇妙的时刻，任何能够在此时影响她的事物都将很容易使她对于子宫内的胎儿产生联想或认同。因此，这种母亲的幻想就水到渠成地成为图腾崇拜的基础。”

对弗雷泽第三个理论的反对意见的理由仍然像对其第二个理论的抨击一样，反对者认为阿龙塔人似乎远离原始的图腾制度。而且，阿龙塔人对父亲角色的否认并不一定是出自于他们的无知；从某些观点来看，他们仍然继承了父亲的某些遗传。他们的牺牲父权，似乎只是以为这样就能光耀祖先的灵魂。他们只不过是把处女怀胎（由鬼神所投胎）的那种神秘说法转换为一种普遍的怀孕理论罢了。这种处女怀胎的说法在基督教神话中也一直为人们所津津乐道。

关于图腾崇拜起源的另一个心理学的理论，是由荷兰人威尔肯（G.A.Wilken）于 1884 年提出来的。这一理论将图腾崇拜与灵魂轮回的信仰联系了起来。“人们偏信死人的亡灵在其体内得到托生的那只动物，变成了族民、祖先并受到同样的敬重。”不过由上述观点看来，相信灵魂的轮回似乎可能是属于图腾崇拜的一种衍生。

在美国，一些极为杰出的人类学家如博亚士（Ftanz Boas）、希尔－托特（D.Hill–Tont）等，也对图腾崇拜的解释提出看法。他们对北美印第安图腾部落经过仔细考察的结果综合成为理论。他们发现，图腾在最初被认为是其先祖的守护神，它们是由梦中得到，然后传递到后代。不过，我们前面已讨论过这种认为图腾是由个体传递的

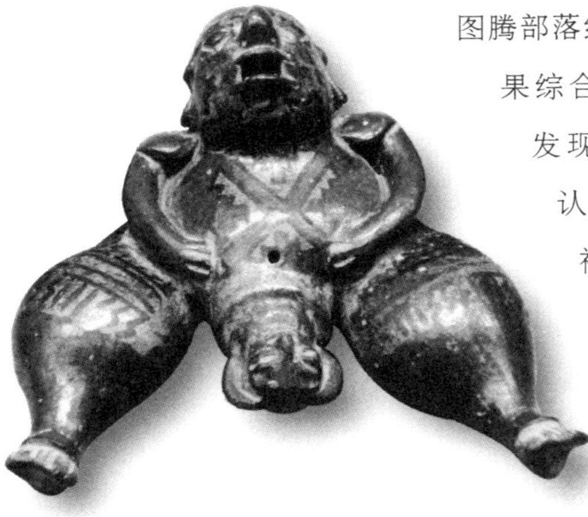

玛雅文物——女性分娩雕像

解说，该有多么困难。除了上述的反对批评，我们从对澳洲土著人研究所得到的结论，也很难对这种“图腾系由守护神衍生而来”的看法提出有力的支持。

最后，我们再来谈谈冯特所积极推行的理论。他的主要论点是根据下面两种观察：“第一，最原始的图腾，同时也是

锡克教象征符号坎达，一种武器图案。锡克教的信仰基于崇拜—— 神和轮回说。神指启发所有宗教导师的永恒的上师。

最通俗的图腾，是动物。第二，最早的图腾动物是一种灵魂动物。”有敏捷的行动能力和轻盈的飞行技巧的灵魂动物（如鸟类、蛇、蜥蜴、鼠类等）被认为可以容纳人死后的灵魂，或者它们能够给人们提出某些警告等。图腾动物是由“精气灵魂”（breath-soul）转变到动物身上所形成。基于上述理由，冯特相信图腾崇拜与灵魂的信仰有直接的关系，也就是说图腾崇拜与泛灵论是不可分割的。

2. 外婚制的起源及其与图腾崇拜的关系

我虽然已经对图腾崇拜的各种论述做了详细的解释，但是，恐怕仍要受到一些攻击和压力。不过，为了读者的方便，我还是希望对后面的讨论再加以简化。由图腾部落族民所考虑的事物角度来看，外婚制是一个特别复杂甚至于非常模糊的概念。不过，从上述的讨论中使我能避免那些各种不同的争论的干扰。

图腾崇拜的概念都会或多或少地影响到任何一个研究外婚制的学者。有些学者主张图腾崇拜与外婚制是两不相干的事情；有些则认为它们有若干关联。因此，对于这个问题的讨论，我们可以发现分裂成两派：一派相信并努力去证明外婚制是图腾制度中必需的一部分；另一派则深信两者之间并无任何关联，它们之所以交集在一起只不过是一种偶然的巧合。尤其对于后者的说法，弗雷泽在其最后的研究中果断地提出：“我要求读者们铭记于心。”他写道：图腾崇拜和外婚制在起源和本质上是两种截然不同的形式，虽然它们会在某些部落中偶然地同时出现。他同时还警告说，任何将图腾崇拜与外婚制视为有关联的看法

印度母亲神杜尔迦（Durga）骑着凶猛的狮子，与牛魔王马希哈作战。杜尔迦意为“难以接近的”，她是湿婆神的配偶之一，残暴可怕。她有着美丽的脸庞，有 8 或 10 只手，握着神赐予的各式武器。

将使问题陷入更大的混淆之中。

相反，有些学者将外婚制视为图腾崇拜必然产生的结果。

杜克海姆（1898、1902和1905）将这种观点加以推广，他相信对图腾的禁忌与禁止和与同一图腾的妇女发生性关系有关。因为图腾既然和男人具有相同的根源，那么，他自然被禁止与本图腾的妇女发生性关系以避免使其流血（这与处女因发

次于男体的身体

古代欧洲人相信女子的身体不如男子，而且女子的乳房和月经等使得女子不适合从事男子的工作。在炼金术中，人们以阴性有女人特征的月亮代表炼金术之母，与代表炼金术之父的男子样的太阳形成对比。

生性关系而流血和妇女的月经等有关）。[①]朗格（1905）也赞同杜克海姆的说法，他认为同部族妇女遭受的禁制有时甚至可以不涉及血液的禁忌。例如，有关图腾禁忌中即有禁止一个人坐在本图腾树下的例子。然而，这将和另一个有关外婚制的讨论相互混淆，以至于难以看出两者之间的区别。

如果我们依照年代顺序对图腾崇拜展开研究，就会了解它的起源比外婚制更早。[②]

对于那些认为外婚制与图腾崇拜无关的理论，我只想说明一些他们对乱伦问题所提出的看法。

麦克雷南从对风俗遗迹的分析中，于1865年提出了一个十分可笑的观念，他认为外婚制的产生是由早期实行抢婚导致的。于是，他开始建立一个推论，认为早期的婚姻大多是由男人抢夺他族的妇女而形成。因此，久而久之，与同族妇女的结婚“被视为不自然，因为它违反了习俗”。至于外婚制普遍被实行的理由，他则假设这是由于在原始社会中普遍对女婴的扼杀，因而造成妇女数量减少的必然结果。在此，我不会对他所做假设的真实性进行验证。只是，他的理论中有一个十分显著的漏洞：他的假设完全没有提及为什么男人们拒绝让本族里的妇女人数增加？——事实上，他完全忽略了乱伦这个问题。

恰恰相反，有些学者在外婚制中发现了许多针对乱伦而设的禁忌，所以，他们就对这一问题进行了较全面且客观的研究。

---

① 见弗雷泽对杜克海姆观点的批评。

② 例如，弗雷泽曾提道：“图腾部落与实行外婚制的部落两者在社会结论上不同，我们有足够的理由相信图腾部落的存在更为久远。”

女巫与魔鬼交媾

对女性生理结构及性心理的兴趣，使迫害女巫的罪状都集中于女巫与魔鬼的交媾，这些出于性幻想的莫名其妙的罪状，将许多无知的村妇推向死亡的境地。

母亲神传播广泛，还传到了印度。这个陶制模型现藏于印度国家博物馆。

只要你认真思索澳洲土著人对婚姻那种逐渐繁复的禁忌，即不难了解摩尔根、弗雷泽、霍威特（Howitt）和斯宾塞等人的说法。他们相信这些禁忌具有“秘密目的的符号”，都指向一个已经达到的目的。“几乎没有任何一个其他的方式或理由足以用来证明这种复杂且规则的制度。”

让我们感到有趣的是，在一切有关乱伦的禁忌中，最先被加上禁忌的竟是年轻的一代，其中包括兄弟姐妹和母子之间的乱伦，至于父女之间的乱伦禁忌是在后来才被补充的。

其实，对禁忌所包含内容的研究，并没有因为这些关于外婚制里性禁忌的说明而取得进展。究竟产生乱伦畏惧的最初理由是什么？什么才应该被视为外婚制的基本根源？对于这个问题的解释，倘若我们只假设人类与相同血缘亲属的性关系在本能上具有一种排斥心理，或者假定有对乱伦畏惧的存在，那么这个理论仍不易接受。因为从社会学的角度来看，乱伦的发生即使在目前的社会依然可以看到况且在历史的进化中，我们也容易看到许多尊贵的人甚至把具有乱伦倾向的婚姻当作一种制度，而且我们可以在旧时的皇族和贵族中找到许多这类例子。

韦斯特马克[①]对于乱伦的畏惧做了如下的解释：“一般情况下，从小即在亲近中长大的两性之间，在先天上常存在一种对性关系的厌恶，由于这种亲近常与血缘接近，因此，这种感觉也就顺理成章地形成一种对亲近血缘产生性关系的畏惧。”霍理士（Havelck Ellis）虽然反对这种性厌恶本能的假设，但对他的理论仍然表示了很大的赞同：“兄弟姐妹或一起长大的男女之间，他们之所以缺少彼此的性冲动，只是由于缺少挑起他们性欲的那些外在条件……那些生活在一起的人们，他们从小即已在感观上被严格训练压抑自己的情感冲动，或去除了任何能触发性冲动的因素。”

韦斯特马克有着非凡的透视力，因为他已开始意识到从小即有亲密关系的人彼此间对性关系具有厌恶的心理，这正和生物学上亲族结婚有害的说法相对应。不过他的这种说法仍然存在许多漏洞。弗雷泽对他的著作这样批评：韦斯特马克认为乱伦畏惧起因于从小亲密无间的人对性关系具有一种厌恶心理，按照他的理论，若这种厌恶心理减弱时，则这种乱伦现象即应大量增加。可是在目前，我们很少看到家庭内的人对彼此间的性关系发生了厌恶心理，同时，也看不到乱伦畏惧的明显增强。弗雷泽的论证更做了许多补充，由于和我在禁忌中所做的讨论

---

① 在同一章里，他会对他的反对者提出反驳。

有若干相似，因此，我将把它叙述如下：

“法律能够有效制约潜伏于人类心灵深处的本能并不是一件轻易的事情。因为人类并不需要通过立法程序才开始吃、喝或者将手躲离烈火。人类的吃、喝和躲避烈火完全是出于一种自然心态而不必借助任何外力或法律。法律只是禁止人们去做本能所喜好的事情，至于对那些自然禁止的事情，法律的禁止

利达与天鹅
这个取材于古希腊神话的浮雕表现了人类对人兽交媾的难以解释的兴趣。

则是多此一举（例如，立法禁止人们用手去抓火）。基于此，我们可以很自然地假设，法律所明文禁止的犯罪行为，常常是人们在本质上具有触犯倾向的行为。因为倘若没有这种触犯倾向则自然没有这种犯罪行为。既然没有这种犯罪行为，那么，法律的规定岂不是无的放矢？依此推论，法律之所以禁止乱伦，是因为人类的本能中必然具有这种倾向。因为法律的禁止，是由于文明人认为这种自然本能满足的结果将破坏社会的公共道德和秩序而促成。”

所多玛之夜

这是《旧约圣经》中的一个情节：淫乱的所多玛被耶和华惩罚，只有罗得和他的两个女儿逃了出来。为求得种族的延续，出现了这种父女相奸的骇人场面。这种乱伦行为在当时并不被认为是邪恶的。

世界的起源

这幅古埃及纸草上描绘了地神与天神性交的图。在古埃及人看来这并不是色情绘画，而是他们对于世界诞生的一种崇拜图解。

如果把我通过精神分析得到的体会加以讨论，那么，那种认为乱伦是一种先天性厌恶的观点将无容身之地，上述弗雷泽的论述就已提出精辟的见解了。我们发现，在人类幼小时的那些早期性快感都具有乱伦的意义，要是这种行动被压抑，那么，在将来的成长中就成为神经症的部分构成因素。

因此，那种将乱伦畏惧视为自然本能的说法应该被排除。另外还有一种普通的被利用来解释法律禁止乱伦的说法则是，认为族民们在注意到亲族结婚所产生的不良后果后，才开始屈服于这种禁忌。这种说法也引起许多反对意见。因为在人们能够经由动物亲族交配来观察出其结果之前，乱伦禁忌早已产生。甚至即使在现在，我们也不能确切证明近亲结婚在人类身上的害处。更进一步说，从我们对野蛮民族的了解里，实在无法想象他们能够在极早时期就能为了后代的健康而严肃地考虑这些问题。事实上，近亲结婚在目前的社会里仍然并未受到人们的重视，因此，像上述以健康和公共卫生为理由的解释，似乎有些荒谬。[①]

还要补充的是，我们无法证实当前社会对乱伦行为的排斥及禁止近亲结婚是因为健康方面的理由。因为就如同我在前面已经提到过的，在现代原始氏族中，族民们对乱伦的厌恶感觉甚至已超过文明的人们。

达尔文与猴子

到目前为止，我们又要在社会学、生物学或心理学的解释中做一取舍了。就前面的讨论中，也许我们只有同意弗雷泽所得出的结论。我们因对乱伦畏惧的来源而感到困惑，甚至迷失了寻求答案的方向。因为没有任何一个我们已提到过的理论能够完善地解决这一

① 达尔文在发表对野蛮民族的看法时指出：“他们不可能考虑其后代要遭受的灾难。”

难题。[①]

但是，有一种我们从未讨论过的被称为“历史的”论点却能帮助我们解决这一难题。这种论点主要是由达尔文对原始人社会形态的假设所构成。达尔文从观察较高等猿猴的生活习性中探索出人类和它们一样，在早期仍然以小群体或小部落的方式群居生活。在群居中，由于嫉妒的心理，让年龄较大和较强壮的男性担负起预防性乱交的责任。

达尔文于1871年在著作中指出：“事实上，我们可以看

诺亚方舟

这幅充满着儿童般的纯真与幼稚的绘画，表明了诺亚方舟挽救生命的最为本质的意义。

---

① 因此，外婚制的起因和由外婚制所引申的乱伦禁制似乎仍像谜一般。”——弗雷泽

出在四脚兽（即大多数哺乳动物）中，雄性由于嫉妒而用各种方式相互争斗，因此在自然状态下，性乱交现象发生的可能性极少……如果我们超越时间的长河一直往上追溯……寻找人类的社会习性……那么，我们所最可能得到的结果是，族民们居住在小小的社会里，每一位男性都拥有他能力所能供养和负担的妻子们，同时，他必须时时守着这些女人提防其他男人的染指。或者，他将像大猩猩一样，一个人伴着几个妻子一起生活。因为所有的土著人都一致'同意在一个小群体中只能有一个成年的男性，当年轻的男性长大以后，争执于是产生，最后，由最强壮的男性杀死或排挤出其他竞争对手而为新小群体的领袖。'〔萨维治（Savage）博士：《波士顿自然历史报告》第5卷，1845—1847，第423页〕如此，较年轻或瘦弱的男性被排挤而开始流浪。当他成功地找到了异性同伴后，自然，他避免与自己原来血缘相同的家族结婚。"

阿金逊（Atkinson,1903）第一个以达尔文的理论为基础进而首次推理出，外婚制是首先强加于部落中年轻男性的禁忌。他认为，每一个被逐出的年轻男性都依照自己原有的生活方式建构自己的小社会，同时，也实行相似的性禁忌。久而久之，这种方式变成一种道德规律："不能与同一家族的人发生性关系。"当图腾崇拜产生后，上面的规律也就转变为"不能与同一图腾的人们发生性关系"了。

朗格（1905）接受了这种对外婚制的解释。不过，在同一部著作里，他又支持由杜克海姆所提出的认为外婚制是由图腾法律所导致的观点。对于这两种不同的观点，我想并不太容易

肥大的臀部和突出的肚脐，强调了母亲神雕像作为生育象征的重要意味。

将它们区分开。因为，由第一个理论来说，外婚制的产生必然先于图腾崇拜；而就第二个理论来说，则外婚制似乎是图腾崇拜的延伸。①

图腾与父亲情结

虽然上述各种论点让人感到如此繁复而不易理解，但是，我们仍然可以用精神分析学的方法对它们做一些有效的思考和证明。

我们知道，小孩子对动物的观念有许多和原始民族接近的地方。小孩子们并不像大人一样很自大地将自己和动物进行武断地划分。他们常毫不犹豫地让动物们拥有和他们同等的地位。同时，由

① 如果外婚制正如达尔文所说的那样先于图腾信仰将其变为禁忌前即已存在，那么，将很容易解释这种现象。我们可假想，第一条实际的戒规最初一定是那位醋意十足的远祖宣布的:“在我的小社会里不准其他男人碰触女人。”自然，他排挤出年轻的儿子们。长久之后，这规则变成“在同区域内的群体不准结婚”。接着，若区域群体被命名为鸟族、鼠族或鹬族，那么，规则又将变为：“在属于同一动物名称内的人们不准通婚；鹬族人与鹬族人不准结婚。”

于他们能够毫无拘束地承认自己身体上的自然需要（例如，饿时即要求吃喝等），因此使他们觉得自己似乎比兄妹们更近似于动物。

不过，有时候，在小孩和动物之间仍会产生许多奇怪的隔离现象。小孩子会突然对某一类的动物产生畏惧心理而避免触摸或注视它们。这种对动物的恐惧症可能就是在小孩早期最先产生的神经症了。通常，这种恐惧症所针对的对象大多是小孩子们喜欢的动物，同时，它与任何单独的特殊动物无关。一般而言，一个生活在小镇上的小孩子，他们所惧怕的动物往往不会超出下列所举：狗、猫、鸟（较少）及出人意料的小动物（如甲虫和蝴蝶）等。也有一些小孩，他们恐惧的对象是从图书故事中所得。在某些少数例子中，我们甚至可以发现将不平常的动物作为惧怕对象的原因。在此，我必须感谢阿伯拉罕（Karl Abraham），他告诉了我一个有益的例子。当他在分析一位惧怕黄蜂的小孩子时，提及那位小孩子向他解释道，因为黄蜂的条纹使他想起了野兽中最可怕的老虎。

然而，正是因为小孩子处于一种不成熟的时期，导致我们并没有深入研究小孩的动物恐惧症——这无疑是一种遗憾。因此，我无法说我们对这种疾病的研究已经彻底，或者能把它总结成一个一般性的原则。不过，有若干对较大动物的恐惧症已经具有分析和研究的价值。在它们之中似乎都具有一个共同点：病人都是男孩子，在他们恐惧的深处里都与父亲有关，动物只不过是恐惧父亲的一种转移。

毫无疑问，每一位具有精神分析经验的人都会提到如前所述的结论。我打算在这方面列出几个较详细的例子。我首先要提到一位对小孩神经症有极深了解的伍尔夫（M.Wulff）博士。当他在对一位9岁小孩所患神经症的治疗中，会经常提及该小病人在4岁时曾患上了对狗的恐惧症。当他看到一条狗由街道跑过时，即唏嘘并且大叫："可爱的小狗，不要咬我……我将做一个好孩子！"对于"做一个好孩子"，他意味着"不再玩'小提琴'"，即不再玩弄生殖器。"小孩子对狗的恐惧症"，伍尔夫接着解释道，"实际上是恐惧父亲的一种替代，因为他大声呼喊:'小狗，我将做一个好孩子！'即指'我不再玩弄生殖器'。看来，这些都意指着父亲，因为父亲禁止他玩弄生殖器。"伍尔夫同时对此又加了一个诠释，使他的看法和我的观点完全一致，并且，对类似的神经症做了一个聪明的解释："这种恐惧症（指对狗、马、猫、鸡、鸟或其他家畜的恐惧症），就我的观点来说，就像夜惊一样，是小孩时期常发生的事情。在经

爱尔兰新谷地墓地
这是新谷地墓地的剖面图，这个供国王死后安息的地方被设计成一个巨大的阴茎状。

手握阴茎的小基督

基督握着阴茎的小手，伊丽莎白及约瑟的目光最终将观者的视线引向基督的小小阴茎。画家以此暗示了基督教隐藏极深的阴茎崇拜。

过详细的分析之后，我们将发现小孩对动物的恐惧只不过是对父亲所生恐惧的一种替代罢了。我并不急于坚持将这种机制广泛地推论到对老鼠等的恐惧症上。”

最近，我发表了一篇《对一个 5 岁男孩恐惧症的分析》的文章，其中的材料是由该男孩的父亲提供的。我的小病人汉斯患有对马的恐惧症，因此，他拒绝外出到街道上。他声明，他害怕马会进屋里咬他，因为他曾经希望马跌倒（即指死亡）。在经过一再的努力使他对父亲的恐惧消失后，整个情形也就明朗了，原来他曾暗中希望他的父亲能够离开（出外旅行或死亡）。因为，他认为父亲是和他争取母亲喜爱的竞争者（母亲是他朦胧性爱萌芽的对象）。到此，我们已知道他正陷入我们称为“俄狄浦斯情结”的感情冲突中（即男孩子对父母亲的态度），也即神经症的核心所在。从我们对小汉斯的分析中，发现了一个与图腾崇拜有重要关系的事实——即在那种情形下，小孩子把某些对父亲的感情替换到动物身上了。

北欧海盗的生殖神

不仅古埃及和古罗马的生殖神为雄性，北欧的海盗也将一位雄性的神祇作为生殖神来崇拜。

我们可以通过分析探索到与这种替代作用有关的线索——偶发的事件和具有特殊意义的事物。同时，它也可使我们找出隐藏于这种替代作用下的动机。一般而言，在小男孩与父亲竞争母亲喜爱的过程中，要使他对父亲的敌意毫无保留地发泄是不可能的。因为他首先必须克服长期以来对父亲所建立的那些仰慕和亲近的情感。在这种情感的矛盾中，为了减弱内心的冲突，于是他开始寻求一个父亲的“替代物”来发泄他的敌意和恐惧。不过，这种替代作用并不能使心理的冲突消失，因为，它无法很清楚地划分爱和憎

恨两种情感。相反，这种冲突往往一直延伸到替代物身上。例如，小汉斯除了恐惧马匹之外，他还对它们保持着倾慕和兴趣。当他的焦虑开始逐渐降低时，他开始学着马匹的样子：像马匹一般跳跃，同时，咬着他父亲。在治疗的另一个时期里，他再一次用其他大动物替代了他的父亲。①

壁画

在这幅发现于庞贝古城的壁画上，罗马生殖神正在秤量他引为自豪的生殖器。

所以，我可以肯定地认为，在这些小孩子的恐惧症中都出现了一种不很明显的图腾崇拜的结构。对于这个难题，我们得感激费伦茨（Ferenczi）的一篇有趣且有价值的个案报告，它使我们正面地看到了存在于小孩子世界的图腾崇拜。事实上，在小阿丙培德（费伦茨个案研究中的小主角）的例子中，我们可以看出他的图腾崇拜并

① 在他的对长颈鹿的幻想中。

爸爸真棒

这个对父亲的阳具赞叹不已的男孩也许已经走出阉割焦虑，开始走向成熟。

不是直接由俄狄浦斯情结产生，而是以对过去事物的怀念作为发生的基本。只要细心研读过我对小汉斯所做研究报告的读者，不难发现他也和小阿丙培德一样羡慕他的父亲拥有较大的生殖器，同时惧怕它威胁到自己的小生殖器。

当小阿丙培德两岁半时，在一次暑假中，企图在鸡舍中小便被小鸡啄了一下生殖器。一年后，当他再次回到这个地方时，他把自己装成小鸡，把注意力集中在鸡舍里，不喜欢说话而只学着小鸡咯咯啼叫。在对他进行观察时（当时他 5 岁），他已开始恢复用言语说话，不过他的兴趣和谈话仍旧局限在与小鸡或其他家禽有关的玩具或歌曲上。他对属于自己的图腾动物的态度则非常矛盾：表现出两种极端的爱恨情感。他最喜欢玩杀鸡的游戏。“杀家禽是他最喜欢的一种庆祝游戏。他会在家禽

的尸体旁边高叫着跳舞，情绪非常激昂。”[①]不过，当游戏结束后，他会激动地亲吻着被杀害的家禽，洗净或抚摸被自己弄坏了的玩具小鸡。

随着时间的流逝，小阿丙培德开始把他的某些欲望从图腾式的行为中表现到日常生活方面，他也并没有刻意去隐瞒这种奇异行为所代表的目的。“我的父亲是一只公鸡”，有一次他说道。过了一些时候，他说道：“我现在还小，是一只卵鸡。当我大一点时，我将变成小鸡。当我再大一点时，我也将变成一只公鸡。”他常强烈地以姿势来吓唬人们，就如同他在手淫时怀念过去的事物一样。毫无疑问，依照费伦茨的说法，吸引小阿丙培德注意鸡舍的因素是“公鸡和母鸡的交媾行为，母鸡的生蛋和孵出小鸡”等。这现象正好满足了他对于性的好奇，因为它们所代表的是相同于人类的家庭生活。他曾经依照鸡群的生活方式来选择他的性对

鸡交配

达尔文有关人类自猴子进化而来的论述，使许多人习惯于将动物的行为与人进行比较。远古时代，人类对动物性行为的关注似乎为达尔文的进化论提供了证据。

---

① 见费伦茨的报告。

象，因为有一天他突然对邻居的太太说道："我将和你、你的姐妹、我的三个兄弟和厨子结婚；不，不是厨子，我要娶我的妈妈。"

稍后，我们将对上述的观察所得做更进一步的论述。在此，我仅提出它与图腾崇拜相同的两个现象：小孩子对图腾动物的完全认同[①]和对它产生两种矛盾的情感。这些观察所得，就我的观点来看，它至少已证明了图腾崇拜中所出现的图腾动物乃是一种父亲的替代物（在男性的例子中）。这种说法并没有任何值得怀疑的地方。因为事实上原始民族早已讲得很清楚了，他们形容图腾是他们的共同祖先和原始的父亲。所以我们应该努力的，只不过是把他们的话加以分析和评价而已，这也正是人类文化学家所忽略的问题。精神分析学将以此作为基础来尝试解开图腾崇拜之谜。[②]

这种将图腾认为是父亲的替代物，是一个值得令人注意的地方。因为要是图腾动物即代表父亲，那么，图腾崇拜的两个主要制度，也是由两个禁忌所构成——禁止屠杀图腾和禁止与本图腾的妇女发生性关系——正好和俄狄浦斯的两个罪恶有着相似的地方（他杀害了父亲而与母亲结婚）。要是这种假设正确，那么，也许我们可以对图腾崇拜的起源做进一步的研究。换句话说，我们也许可以将图腾制度——就如同小汉斯的动物恐惧

① 依照弗雷泽的说法，它是构成"图腾崇拜的中心"："图腾崇拜是一种人对图腾认同的作用。"

② 我必须感谢朗格使我注意到了有关一位年轻人有狗的恐惧症的研究。他解释得病的经过就如同我在前面所提到的阿龙塔人的图腾理论一样。他说，他记得他父亲曾经提过，当他的母亲怀孕时曾经被狗咬过。

捧着俄狄浦斯头颅的色雷斯姑娘

症和小阿丙培德的家禽性欲倒错——认为是俄狄浦斯病症造成的结果。为了探索这种可能性，我将在后面对图腾制度（或者，我们也可以说图腾宗教）的体系展开讨论，这也是到此为止我很少有机会提及的问题。

图腾餐的含义

在1894年逝世的学者——罗伯逊·史密斯（William Robertson Smith），具有敏锐的思想和广泛的兴趣，他生前对物理学、语言学、考古学和《圣经》等学术展开了深刻而细致的研究。在他的著作《闪米特人的宗教》（第一版于1889年出版）中推论说一种名为“图腾餐”的特殊仪式是构成图腾崇拜的主要部分。在当时，他只有一个证据来肯定他的理论：在公元5世纪中曾有关于这个仪式的记载。经由有关古代闪米特

阿肯那顿大王献祭太阳神阿顿

人献祭本质的研究，使得他的假设具有极大的可信性。因为献祭即代表着神的存在，因此，将较为进化的宗教仪式与最原始的宗教仪式（图腾崇拜）相提并论将成为争论的焦点。

现在，我将把罗勃逊·史密斯对有关献祭仪式的起源和意义的讨论做进一步说明。为了达到这个目的，我必须简单明了地解释有关它们后来的发展。不过，我的这种简洁的说明也许将使读者较难以理解。

罗勃逊·史密斯解释说，献祭是古代宗教的主要仪式。它在所有的宗教中都存在，因此，它的起源必然有着一个共同的因素，这个因素在任何一个地方都以相同的方式出现。献祭的原始意义和后来所演变的意义并不完全相同。在后期它的意义是指供献祭品给神明，借此来讨得宠爱

“兽形”的大地之母

这座石雕于 1790 年在特诺奇蒂特兰城遗址上被发现。Coatlicue 又称为 "Serpent Skirt", 刻画成双蛇头，鹰爪，穿着蛇裙，挂着用头颅、四肢和心脏串成的项链的形象。

或祈求赐福。在前期，它不过是意指“一种神与其信仰者之间表示友谊的行为”罢了。

献祭的物品通常都是一些可食用或饮用的食物，人们将自己食用的肉类、菜类、水果、酒或油等献祭给神明。只有对于肉类的献祭才加上若干限制。一般而言，献祭的肉类常由神与人共享，而蔬菜则由神明一人独享。以动物作为献祭无疑是较为古老的形式。蔬菜的献祭是在人类开始懂得植物的可食性之后才产生，这也是借以对土地之神表示尊敬、赞美的意思。不过，以动物作为牺牲则远比植物时代更早。

我们通过对语言中的一些残存形式的研究，就可发现用以献祭的物品在早期通常仅仅能被神明单独享用。不过，当神明的存在逐渐脱离肉体化之后，这种想法和做法才遭遇困难。因此，他们以液体代替祭品来解决这种困难。稍后，由于火的利用，他们将肉类祭品摆在祭坛上，然后升起烟火，使整个仪式看起来更适合于祭神。至于饮料方面，最初则包括了动物祭品的鲜血，后来才逐渐以酒代替。在古代，酒被认为是“葡萄的血液”，这种形容在现代的诗中也曾出现。

在人类还未了解“火”的概念时，一般是以动物来作为献祭仪式中的祭品。每一位参加仪式的人都可分享，因为这些动物的血和肉都为神和所有信仰者所偏爱。

类似这种献祭仪式是属于全族人民的共同庆典。因此，宗教仪式变成全社会的重要部分，宗教上所要求担负的责任也就成为社会上道德和价值的准绳。任何有献祭仪式的地方必然有盛大的庆典，而任何有庆典的地方也必然有献祭的仪式。献祭

墨西哥阿兹特克人的人祭

庆典常常是人们狂欢的高潮，也是人与人之间、人与神之间最自然的沟通途径。

一般人们都是按照一种古老的方式——某种道德规范来对祭品进行处理，同时他们又有权利共同分享这些祭品。和一个人共同吃喝，代表对他的一种友谊，也是一种善意的社会行为。共享祭品最主要的是为了表示神和人之间的“休戚与共”，他们之间的所有自然关系都包含在这种目的之中。这种习俗在某些沙漠中的阿拉伯人之中仍然保留着。任何人只要吃了一小片他们的食物或饮用了一口他们的牛奶后，就不会被视为敌人，甚至还可得到他们的保护和帮助。这种保护和帮助自然并不长久存在。严格地讲，它们只在共享的食物尚留在体内时才产生作用。这是一种对人与人之间的社会性所具有的较现实看法，只有在不断地共享相同食物时，这种关系才能永久保留。

但是，我们对共同饮食会产生结合的力量的原因还要进一步探索。在原始社会中，只有一种关系是绝对不可分离的——血族关系。这种血族关系所形成的友谊是紧密且牢固的。“血族”是指毕生融于一体的集合体，被视为一个共同的生命体中

史前遗骨的昭示：古代欧洲曾拿活人献祭。

用于盛放献祭时挖出的心脏的美洲虎形献祭器

的组成部分。例如，阿拉伯人在看到同族人流血时并不点名道姓地说："M或N的血液流出来了。"他们通常说："我们的血液流出来了。"在希伯来语中，当一个人称呼血族时，往往说："我是你的骨和肉。"因此，血族即代表着共同参与某种共同的事物。自然，这种关系不仅是基于这样一个事实，即人是母亲身体的一部分，而且这种关系还可以通过日后所吃的食物来获得并得到加强，人的身体因所吃食物而改变原有的体质。倘若一个人和他信的神共同享用餐食，那么这表示他们是属于同一个类型。正因为如此，他将永远不会与一个他认为是陌生的人共同进餐。因此，献祭后的欢宴最初是属于一种血族的庆典，依据法律只有血族内的人才能共同享用。在我们的社会里常常同家庭里的成员共同进餐；不过献祭后的祭品并不一定与家庭有关。血族关系是比家庭生活更为古老的东西，在我们所知道的原始社会中，一个家庭往往包括有几个家族。例如，一个男子与一个外族的女人通婚，那么他的孩子们将归属于母亲的血族（归属于母系图腾）。因此，他与家庭里的其他成员没有血族关系。在这种家庭里，多数都是分开和独自进食的，因为宗

对火的崇拜在印度教中十分普遍。教徒们从圣火中抓起热气，洒在身上，接受上帝的祝福。

教上的信仰（因图腾所产生的食物禁忌等）使他们与自己的妻子、儿女无法共同进食相同的食物。

现在，让我们开始讨论有关献祭动物的问题。就我们所知，每一个部落都具有一种献祭的动物祭品，而且很特殊的一点是，除了在庆祝仪式外，他们从不擅自屠杀动物。宗教上的信仰使他们不敢为了某些理由而屠杀家畜。罗勃逊·史密斯已经很全面地说，在原始部落早期，任何擅自屠杀某一动物的行为都被认为是“非法的”，除非所有部落的族民共同来承担这种行为的责任，它才能成为合法。就我们所知，在早期的部落里，只有一种行为是上面所述的非法，即对部落血族的神明采取了侵犯

刻画宗教蹴球比赛的浮雕。这种蹴球比赛，最早源自 Olmec 文明。规则是参赛者用手肘、腰部或膝盖，把硬质橡胶球顶入立于球场墙上的石环中。整个比赛可能持续几天。失败者（有些地区是获胜者）将被活祭。

行为。事实上，除非经所有血族的人认可和共同行动外，任何一个部落内的人都不容被侵犯，这种要求同样地适用于其他同伴身上。这种认为每一个参与祭典的人都必须分享祭品的规定，它所代表的意义就如同在执行某一犯罪族人的死刑必须由全族人民共同参与一样。换句话说，献祭的动物被当成同族人对待，参加祭典的人、神和献祭的动物都被认为具有相同的血缘和同属于相同的部落。

原始部落中，用以献祭的动物和图腾动物是同一类动物，罗勃逊·史密斯已从多方面对这一论点进行了证实。在稍后的年代里，献祭的动物分成两种不同的种类：一种是习惯被食用的家畜；另一种则是特殊的、被认为是禁止食用的动物。据资

在印度白牛被认为是神圣之物，印度教徒不吃白牛肉。白牛常出现在宗教游行的队伍当中。

料研究我们发现，这种动物也是一种神的动物，因为它们被当作祭物献给神，而且在来源上它们与神是相同的。人们在通过献祭的仪式后，使自己和动物与神之间的血族关系更加亲密。

云南佤族的牛头图腾。牛是云南佤族的吉祥物，祭牛头则表示对神灵的虔诚。镖牛和供奉牛头，是佤族人祈求安居乐业的传统祭祀活动。在佤族山寨、门口挂的牛头多，说明财富多。

不过，在更早的时期，这种“通俗的”和“神秘的”祭物并没有被加以区分。在最初，所有献祭的动物都被视为神，它们的肉被禁止食用。除非在祭典时所有部落的人都参加的情形下，这种禁止才被打破。屠杀这种动物就如同将族人的血放出一样，因此，它只能在一种特殊的仪式中才能进行。

对动物的意义和繁殖的了解，促使我们逐步排除了早期那种纯粹的图腾所形成的禁忌崇拜观。[①]不过，这种保存在家畜身上的神秘色彩，我们仍然可以在后来畜牧时期的宗教信仰中发现，这种发现足可使我们了解到其所具有的原始图腾的本质。即使在后来，我们仍可在许多地方的仪式中看到，当祭礼结束后，主持祭礼的僧侣必须离开以避免动物的报复。在希腊时期有一段时间将屠杀牛视为一种犯罪。在雅典，当布福尼亚（Buphonia，意即宰牛）节日时，依照惯例，在献祭祭物后都举行一次审判，那些参加审判的人则被尊为智者。在审判结束时他们一致决议谋杀的责任应由屠刀担负，然后，判决将屠刀抛入海中。

虽然图腾动物的生命必须受到全体族民的保护，但是在为了崇高友谊的前提下，每隔一段时间必须屠杀其中的一只，然后由全族的人共享其肉和血。在稍后的时期里，我们由记载中发现，他们相信当共同食用的食物到达体内后，会使他们之间产生一种神秘的联系。这种想法，在较早期似乎局限在共同食

① “问题的推论是：图腾崇拜所导致的畜牧（当有动物可被圈养时）对图腾崇拜本身是一种致命的打击。”——杰文斯

齐国瓦当的图像主题，多取自现实生活，是当时图腾崇拜、祭祖、祈福思想的直接反映。齐国属东夷之地，史书记载，东夷人的图腾有凤、鸟、太阳、龙等。

用某种神的祭物才能生效。神祭物的死亡“被认为是维护神与人之间纽带的唯一方法”。

这种联系主要是通过共享祭物，使存在于肉和血中的祭物生命融合于参与者身上。晚期历史中所谓的“歃血为盟”即属于这种观念的衍生。从上面的想法之中，我们不难了解为什么他们要每隔一段时间就要共享一次祭物。

在此，我想打断罗勃逊·史密斯的想法，然后以更恰当的语言来重新叙述他的概念。由于私有财产观念的产生，祭物被视为给予神的一种礼物，也就是将它由人的所有权转移至神的手中。不过，这种解释仍然无法对所有献祭仪式的许多特殊之处加以准确地解析。因为在早期献祭的动物本身是神圣不可侵犯的，只有在神之前，所有族人共享祭物和共同担负屠杀动物的责任之时，才能通过祭物使人与神之间相互认同。祭物是神圣的，同时也是属于相同的血族。他们深信借着杀死图腾动物

（指原始的神本身）才能加强他们与神的相似性。

罗勃逊·史密斯通过对献祭的研究之后发现，屠杀图腾动物成了拜祭神的仪式中重要的一个环节。他认为类似这种图腾餐的仪式可见于较晚时期的献祭记载之中。圣尼禄（St. Nius）曾经记录过在公元 4 世纪末期有关塞奈沙漠中阿拉伯人的献祭仪式。献祭的骆驼（祭物）被放置在石头堆成的祭坛上，当首领再度领导族人围着祭物“高唱赞美歌声时，他扎了第一刀……然后，急促地将流出的血喝光。接着，族里的人也拔出刀剑割祭肉。献祭仪式在晨星升起之前开始，一直持续到太阳落山为止。在这短短的时间之内，整头骆驼的身体、骨头、皮、血和内脏都被

公牛崇拜

这个发现于希腊的青铜酒樽，大约制作于公元前 1700 至前 1600 年。这种公牛头在古希腊随处可见，对公牛的崇拜是与生殖有关的图腾崇拜之一，由美索不达米亚地区传入希腊。公牛头作为雄性的象征受到崇拜，显示了对雄性力量的渴望与夸耀。

分食殆尽”。所有的证据都显示出这种野蛮的祭礼并不是孤立的事件。即使它将来的发展产生了许多不同的方式，不过，它也可算是各地图腾献祭的雏形。

许多专家都拒绝承认图腾餐的重要性，因为它并不能在图腾崇拜的直接观察中得到认可。罗勃逊·史密斯对图腾餐的重要意义提出肯定说法：例如，阿兹特克族（西班牙入侵前墨西哥中部的印第安人）的人祭和使人想起图腾祭典的事件，如美洲瓦塔瓦部落中的熊族以熊为祭品和日本阿伊努族的熊节。有关这些相类似的祭礼，弗雷泽在其伟大的著作的第 5 部分中有详细记载。在加利福尼亚州的某一个印第安部落信仰大鸟（秃

西班牙人和当地土著歃血为盟纪念雕塑

墨西哥阿兹特克人的“艾克索科特尔”礼

这种仪式在每年的 10 月份举行。手拉手的是战俘，身上有一条缠腰和一件纸衣。他们夜里跳舞，到了早晨就作为人牲葬身火堆，以祭祀佩那尔神（1521 年，《鲍尔勃尼库斯古抄本》插图）。

鹰），在每年举行一次的祭典中都要屠杀一只作为献祭，然后在哀悼之中将它的皮和毛好好地保存。

新墨西哥的苏尼族也曾用相同的方法来对待他们信仰的圣龟。

古埃及圣甲虫，被视为有魔力的动物。

在澳洲中部的某些部落，在对有关因特祈玛仪式的研究中，我们可以很惊异地发现它们和罗勃逊·史密斯的推论竟然有着相同的地方。每一部族，当他们在从事那种可使图腾繁殖的神秘方法时，总是在仪式中先让其他氏族分食自己的图腾。依照弗雷泽的观察，对于这种做法的最明显的例子是，在西非的毕尼族，他们将图腾的食用与葬礼牵连在一起。

因此，我认为我们必须接受罗勃逊·史密斯的推论，即准许在祭仪上屠杀图腾动物和同族人分食其肉，这是图腾宗教的一个重要部分。[①]

图腾现象中的父与子

如果我们再对图腾餐进行深入研究，就可发现，这种情形之中的许多问题是我们还未曾考虑过的。通常，一个部族常用屠杀图腾动物和食用其血、肉、骨等来庆祝盛典。这时，全族的人聚集在一起装扮得和图腾相似，模仿它们的声音、行动，如同正在寻求加强与图腾之间的认同。每一个人都很清楚地知道他们所从事的是一件单独个人所不能做的事情。屠杀图腾的行为只有通过全族族民的参加才被认可，没有任何一个族民能躲开这种行为。当仪式结束之后，被屠杀的图腾动物开始接受人们的哀悼，这种哀悼是强制性的，它包含了一种可能被图腾报复的恐惧。就如罗勃逊·史密斯所曾提及的，它的主要目的是在于逃避屠杀带来的危害。

不过，在哀悼过后接着即为狂欢：任何一种本能和满足都被准许。从上面，我们可以很容易地了解到庆典的本质。庆典，即意味着使破坏禁忌神圣的合法化。从事暴行的并不是人们，因为他们必须在接受谕示后才能在这种暴行中得到狂欢。因此，

---

① 我并没忽视对这种假说的批评，例如由马里莱厄（Maillier）等人所推演的反对理论。

也可以说，暴行构成了庆典的本质，庆典的狂欢正是由于破坏禁忌所得到的快感。

四川广汉三星堆商周时期遗址出土的青铜人首鸟身像，既是宗教崇拜中的北极神、昆仑神、太阳神 的象征，同时也是生殖、再生等文化观念的表述。这些器物可能与四川地区远古的巫术信仰和鸟图腾崇拜有关。

但是，上述情形又向我们提示了一个矛盾，我们不能解释族民们对被杀动物的哀悼和他们的狂欢行为之中所展示的冲突，这也是我们百思而不得其解的地方。

居室里的森林神

这个造型优美的青铜器是一个取暖用具，发现于庞贝城一幢古罗马帝国时代的别墅。支撑取暖盆的是3个优雅俊美的森林神，如所有森林神的造型一样，这3个森林神的阴茎也是直立着。

如同我们所看到的，那些族民们用吞食图腾动物来得到他们的神圣性，加强与图腾及族民相互间的认同感。这种狂欢的快感和他们的一连串表现，我们可以解释为，他们以图腾为媒介来达到能融入那种神圣的生命之中的企图。

精神分析学的研究已确定图腾动物事实上是一种父亲影像的投射，因为它的特征里包含了图腾被残酷地屠杀，然后，接受哀悼。这种情感上的矛盾，也是现在存在于小孩子身上甚至可推广到小孩长大后的那种父亲情结。由此，似乎可使我推论和发现图腾只是一种父亲的替代物。

现在，要是我们用精神分析学的方法就图腾餐和达尔文对原始社会形态的解释来对图腾做更深一层的研究，那么，对它们的深入了解将逐步进展——这种假说将在黑暗中出现一线曙光，虽然看起来就像幻想一样，却能很出乎意料地将几组不相连的现象连接起来。

自然，在达尔文所指最原始的游牧部落中并未发现图腾崇拜的痕迹。所有我们所发现的，只不过是一个充满暴力和嫉妒的父亲，将所有女性都据为己有，然后，驱逐已长大的儿子们。我们从未对这种最早的社会形态展开过任何探索与研究。事实上，我们偶然所发现的真正最原始的结构，是一种包含有若干

柬埔寨的吴哥寺是为崇拜毗湿奴修建的寺院。该寺院是苏耶跋摩国王二世（1113 年至 1150 年）按印度教的宇宙模式兴建的。

物种起源示意图

男性群体的组织。这些群体内的成员都具有同等权利，同时也受图腾制度的禁忌管制，其中包括来自母系传递下来的图腾标记。现在，我们面临着一个问题，即这种形式的组织能否变为另一种形式的组织？要是能够的话，采用什么样的方式？

如果我们对图腾餐的现象加以研究，那么，我们就能找出上述问题的答案。我们可以这样假设：有一天，那些被父亲驱逐的兄弟们结合在一起，杀害并吞食了他们的父亲[①]，于是，这种家长统治的部落方式宣告结束。兄弟间的联合使他们拥有足够的勇气去成功地完成他们个人所无法达成的目标。（某些文化上的超越，也许能使他们造出某些新式的武器来增加他们的自信心和优越感。）在食人肉的野蛮民族里，除了杀害父亲外，还食用他的肉。在这种情况下，那位残暴的父亲无疑是儿子们所畏惧和羡慕的对象。因此，接着分食他的肉来加强他们对父亲的认同感，同时每个人都经由此而得到了他的一部分能力。由此可见，图腾餐也许可说是人类最早的庆典仪式，它正是一种重复及庆祝上述值得纪念和残酷事件的行为，它是往后所谓的“社会组织”“道德禁制”和“宗教”等诸多事件

---

① 为了避免可能的误解，我必须请求读者们仔细地阅读下一个注脚来对上述的叙述做一清楚的了解。

的起源。[①]

这种论述确有其价值所在，其实，我们也可将其前提假设置于一旁。我们只需要假设这些残暴的儿子们，具有那种像现实中儿童所具有的父亲情结和在恐惧症病人身上所常看到的那种矛盾情感即可。他们恨自己的父亲，因为父亲是他们在权力欲和性欲上一个难以克服的障碍，不过，他们又热爱并羡慕他。当他们摆脱父亲之后，满足了心理上的恨和那种对父亲加以承

① 这一貌似荒谬的假说认为，那个暴虐的父亲被彻底打倒并丧命于遭自己放逐的一群儿子手中。阿金逊（1903）也认为，它与达尔文原始部落中的事态有着直接的关系："家长只有一个令自己害怕的敌人……这就是一帮共同生活、被逼禁欲（或者顶多也就是共享一个女俘）的年轻的兄弟们。虽然他们尚处在前青春期仍很羸弱，但随着时间的流逝他们将日渐强大，通过反复的联合打击，他们一定会从暴君父亲那里夺回妻子和生活。"终生都在新苏格兰度过、在研究土著人方面有着得天独厚条件的阿金逊还指出，达尔文所说的盛行于原始部落的那些情况也很容易在野牛野马群中观察到，而且往往会导致群首被咬死。他进而假设，父亲被处置之后，大获全胜的儿子们彼此又展开了惨烈的争斗，部落分崩离析。因此，社会的任何新组织都受到了阻碍，因为"独裁的、暴君般的父亲被弑之后，就会出现连绵不断的暴力争斗，儿子们弑父的双手不久又会在杀兄害弟的争斗中双拳紧握"。阿金逊并无任何精神分析学理论的支持，对史密斯的研究也一无所知，却发现从原始部落到下一个社会阶段的发展中，存在着一个较少暴力的转变过程，其间众多的男人们能够和平相处，共同生活。他相信，由于母爱的介入，儿子们（开始仅仅是那些顽童稚子，后来才包括那些青年小伙）才被准许留在部落之中。作为对这种宽容行为的回报，儿子们便主动放弃对自己母亲和姐妹们的占有权，以此承认父亲的性特权。这就是阿金逊所提出来的极其著名的理论。就其本质特征而言，它与我的理论不谋而合；相异之处完全是由他的理论未能发现与许多其他问题的相关关系导致的。我在上文中描写的一切并不非常准确。时间因素的省略、整个主题内容的压缩，这些可归因于对这一性质的主题，我们必须采取的保留做法。在这些问题上，研究者自求精确就太傻了，苛求研究者给予肯定答案也是不公平的。

认的希望，同时，那些复杂的情感也在心理上涌现[①]，这可从其事后的悔恨中明显地看出。罪恶感使整个人产生了自责的心理。因此，死后的父亲被看作比生前更加伟大——这也是我们目前常看到的情形。于是，他们开始禁止屠杀图腾（因为这是父亲的取代物）。而那些罪恶感也逐渐地构成了图腾崇拜里的一个主要禁忌。这种心理过程，我们也可在俄狄浦斯情结中看到。无论谁触犯了这两大禁忌都是在犯令原始社会深恶痛绝的绝无仅有的两大罪恶。[②]它们在心理因素上并不占有同等分量。第一个规则，保证图腾动物不受伤害，完全包含在情感动机之中，因为事实上，父亲的存在早已被消除。可是第二个规则，乱伦禁忌，则同时具有较实际的基础。性情不仅不能使人们联合，甚至造成排斥。虽然那些兄弟们合力消除了父亲的威胁，但彼此之间却又因女人而产生激烈争斗。每一个人都希望像他父亲一样拥有女人。也就在这种争斗中，新的社会结构面临瓦解的命运，因为实际上，没有任何一个人能够像他父亲一般在此取得绝对的权力。因此，也许在经过许多波折之后，这些兄弟们为了和平居住在一起，于是只好共同制定禁止乱伦的法律，同时，大家同意放弃那些导致与父亲产生冲突的女人。至此，从他们被父亲驱逐后所构筑的同性社会于是毁灭。而这些可能是母系社会雏形的制度也就再度为以男性为主的家庭结构所取代。

---

① 事实上，这种行为不可能给那些这么做的人带来彻底的满足，这一事实也一定助长了这种新的情感态度。从一个角度来看，这事干得很徒然。实际上，没有一个儿子能实现自己原初的愿望——替代父亲。而且，正如我们所知，失败往往引起道德反应而不是满足。

② “在原始社会中，谋杀和乱伦（或者说，所有这种有害血缘圣洁的罪行）是唯一能引起人们痛恨的罪行。”——罗勃逊·史密斯

惩戒通奸者的狂欢

毛利人通向地狱之门的木制模型

同时，也正是由于禁止屠杀图腾动物这一禁忌，才使我们清楚地认识到图腾崇拜就是宗教的起源。图腾，显然是父亲形象的一种自然取代物，但他们对待图腾的态度似乎超出纯粹的自责心理。事实上他们试图通过这种与父亲取代物间的特殊关系来减轻内心的罪恶感,同时改善与其父亲的关系。图腾体制，就某种观念来说，它是儿子们与父亲的一种默契行

赤裸的黑人

非洲土著不允许妻子穿衣服，因为他们认为，穿上衣服的女性会引起男性的好奇心而增加了女性美。这样会导致邻村的男子像抢战利品那样把她们抢走。

为，因为就图腾来说，它提供了一位父亲所能提供给儿子们的一切幻想（保护、照顾和恩惠），而他们（指儿子们）则保证尊重其生命，即保证不再用重复那一令生身之父殒灭的行为。进一步，图腾崇拜又包括了一种自我审判的意味。“要是父亲像图腾一样对待我们，那么，我们绝不会杀害他。”就这样，图腾崇拜的出现使整个事情和过程得到圆满结局，也使人们逐渐淡忘其起源。

于是，宗教思想开始产生。图腾宗教起源于儿子们的罪恶感，他们为了减弱这种感觉而以服从它的方式来请求父亲的原谅，所有以后的宗教大概也都在致力这方面的研究。它们所以产生差异，只是由于文明程度的高低及人们对此所采取的方式不同而已。不过，在基本上，它们都具有相似的特点，而人们也无时不在对此做探索。

在宗教中至今仍然保存着一种在图腾崇拜时就已存在的能力——矛盾情感所造成的威力。由于这种威力太大，因此，任何尝试隐藏它的企图都归于失败。我们可以清楚地看到，由父亲情结所引起的矛盾情感在图腾崇拜和一般宗教中依然存在。图腾宗教不仅表现出儿子们的悔恨和祈求赎罪的情感，同时，它也意味着对战胜父亲的一种怀念。对这种由战胜父亲所体现的满足，我们可以由庆典及图腾餐中明显体会到。在此时，人们已不必遵守禁忌而可屠杀并分食图腾。借着这种方式，那种具有弑父色彩的屠杀图腾庆典也就被当成责任般地重复举行，而存在于心里的那些恐惧也就逐渐消失。因此，当我们在后来的宗教中看到有些经过歪曲和变形的类似这种反抗心理时，也就不足为奇了。

此时我们已能深深体会到，人们在宗教和道德禁制中就父亲情感的发展所包含的自我谴责。不过，我们也不对这种弑父

欢喜佛

同西方的炼金术士一样，东方的佛教教徒对男女交合的神秘也大加崇拜。在藏传秘宗佛教中，代表两性合和的欢喜佛是最受崇拜的佛陀之一。

法夫纳是北欧神话中的一名侏儒，因受到巨大财富的诱惑，不仅杀害父亲赫瑞德玛，还变成一条巨龙守护财宝。他兄弟雷金唆使英雄齐格鲁德杀掉法夫纳，还帮他将格拉墨的断片重新打造成一只完整的宝剑，齐格鲁德就利用格拉墨杀死了法夫纳。法夫纳在临死前，警告齐格鲁德这些财宝是被诅咒过的，但齐格鲁德没有听从而带走了宝藏，因此受到诅咒而开始了他悲剧性的一生。

行动所导致的后果做过分的强调。因为在以后漫长的进化中，兄弟间的情感问题对社会结构的演变产生了深远的影响。他们把血亲间的关系神圣化，同时强调了所有族内人民的团结。为了保障个人的生命安全，所有的兄弟都声明不再用对付父亲的方式来对付他人，也就是任何类似父亲命运的再次出现都必须加以制止。至此，带有宗教意义的禁止屠杀图腾已逐渐转换成了人们禁止兄弟相互残杀的禁忌。原有的家长统治形态也开始首次为以血亲为基础的兄弟部落所代替了。因此，我们可以说，社会的存在是建筑在大家对某些共同罪恶的认识基础上；宗教则是由罪恶感及附于其上的懊悔心理所产生。至于道德，一部分是基于社会的需要；另一部分则出自由邪恶的欲望而促成的犯罪心理所造成。

我认为，精神分析学的研究所得虽与其他观点不同，但是它与较早期的看法相隔不远。所以，我们应该知道图腾崇拜和外婚制之间不仅息息相关，而且来源也相同。

宗教的产生与发展

在这里，我们只能针对图腾祭礼和父子间的关系这两个问题展开讨论，因为，有很多因素限制我更深一层地研究由原始图腾崇拜进化到现在的宗教形态的过程。罗勃逊·史密斯已告诉我们，古代图腾崇拜与祭物的原始形式之间的相似性。这两种行为所代表的意义相同：通过同餐共饮来使大家圣洁化。人们在执行这两种行为时都带有罪恶感，它们都必须经由共同的参与才能使这种罪恶消除。问题是，在对族神献祭牺牲时，族神通常被视为族里的一员，同时，也是族人认可的对象。可是，这些看来像陌生人（异族）的族神为什么竟会成为所有族人崇拜和认同的对象呢?

也许有人会说，在原始时期神的概念很离奇地产生（来源不明），然后，主宰整个原始民族的宗教生活。在对这些祭典的不断探索中，我们可以发现图腾崇拜与这种宗教信仰有着奇怪的联系。不过，从精神分析学对人类的探讨中，我们可以惊异地发现这些神都是根据父亲的形象构成的，人与神之间的关系也常因与父亲之间的关系变化而发生改变。简单地说，神不过是父亲影像的一种投射罢了。从以前我已讨论到的图腾崇拜中，我们可以看出图腾被视为种族的祖先，就如同一位信仰神的人称其神为父亲一样。父亲角色与图腾及神之间的关联性是

巨石文化

巨石阵坐落在伦敦以西偏南 100 多公里的索尔兹伯里平原上。一望无际的绿色旷野上，一群拔地而起的巍峨巨石，堆垒得井然有序，俨然是一处残缺的祭坛圣地。

《根特祭坛画》（局部），根特圣巴佛大教堂胡伯特，胡扬·凡·埃克。

精神分析学研究中一个较为重要的观念。在原始祭典的形式中，父亲的角色已经出现了两次：一次是被视为神；另一次则被视为图腾动物。我必须在得出结论之前，先澄清一些观念。

我们知道神与神圣动物（指图腾或祭物）之间存在着错综复杂的关系：(1) 每一位神都有一特定动物（也有数种动物）来作为祭物。(2) 某些特殊神圣的祭物（“神秘”的祭物）常都是曾经做过献神的祭物。(3) 在图腾崇拜时期以后，神常被当作动物来崇拜(或者,从另一个角度来看,动物被用神的方式来崇拜)。(4) 在有关神的传说中，神常会变成动物，尤其是转变成向其献祭的动物。

因此，我们可以进一步假说：神本身即是图腾动物，它是在较后期融入宗教感情后才转变产生的。我没有必要再重新讨论图腾是否为父亲影像这个已一再讨论过的问题。图腾可以说是人们对父亲影像的第一个替代物，而神则是以后才产生。在

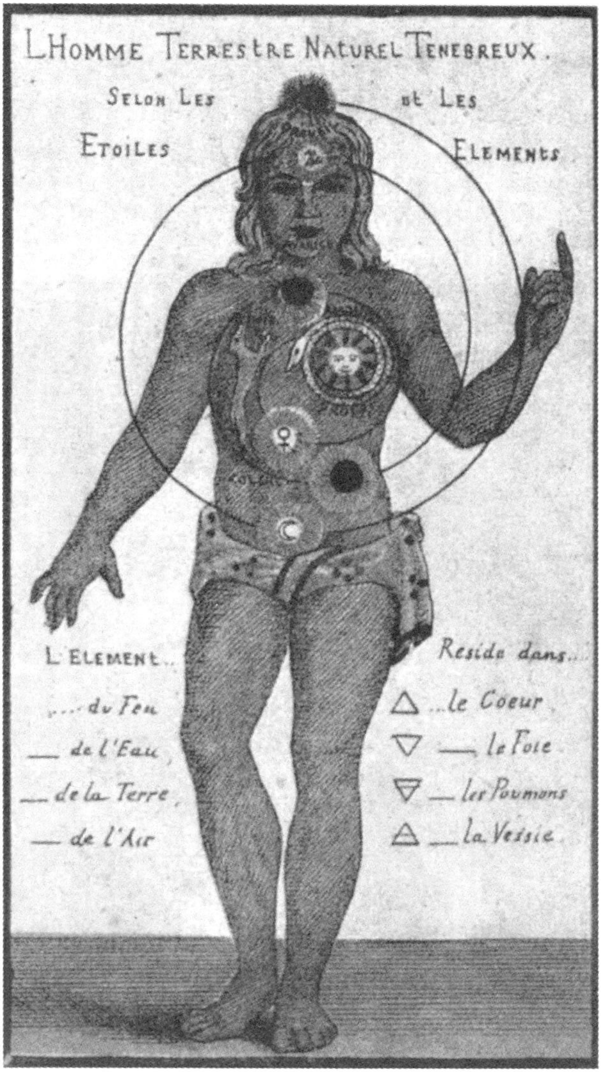

19 世纪标明人身体上圆环的图。来自宇宙生命力的能量从圆环处进入人体内，然后转化并分配。只有通过神视即超人的洞察力才能看见这些圆环。

这时期父亲影像又代表了人类的形象，对父亲的仰慕可说是构成各种宗教信仰的一个中心。自然，在以后的漫长演变过程中，人们与父亲或与动物间基本关系的转变，均可影响到人对神的态度。

虽然由于畜牧时期的到来，使图腾崇拜中断而人们的心理

基督像

也逐渐远离动物，但我们仍然可以轻易地看到上述变化在发生。在这个较漫长的转化过程中，有一件事情一直在引起人们对父亲的怀念。那些集合力量来对付其父亲的兄弟们，在心目中都隐藏着想成为父亲这一角色的愿望，这我们可以从其参与图腾餐中看出。可是事实上，当这些由兄弟组成的部族在结为一体后，这个愿望就不可能实现，因为在这个时候已没有人能像其父亲一样取得绝对的权力。当时间不断地流逝，他们对父亲那种敌视也逐渐减弱而对他的怀念也就不断加深；于是，很可能有一天他们开始将父亲那种伟大的力量加以理想化。经过一段时期后，由于文化的变迁，刚开始那种同族人一律平等的观念开始被排除。此时，另一种观念逐渐产生，即基于对于某人的仰慕，使他们开始创造一个神来作为早期的理想化父亲。人演变成神，这些观念在我们今天看来真是信口雌黄到了极点；但在古典时代，人们却对此是以为然的。① 这种将被弑的父亲转变为神的观念，其中所具有的赎罪心理永远大于图腾崇拜中对图腾的看法了。

让我感到遗憾的是，我无法确定在以上演变过程中，母神的出现究竟是在父神之前还是之后。不过，有一点可确定的是，对父亲态度的转变，其作用并不仅局限于宗教层面上，它同时也使社会结构发生了巨大的变化。由于父神观念的产生，一个没有父亲的社会形式会逐渐演变成一个以家长统治为基础的社

---

① “在现在的人看来，将神和人混为一谈是对神的一种不敬，但早期的人们并不如此想。在他们的观念里认为人与神是属于同一血族的，因为他们常将自己的家族认为由神传播而来。”—— 弗雷泽

会结构，刚刚形成的家庭虽然仍有父亲的存在，同时也具有先前的若干权力，但兄弟部族里的某些社会要求并没被扩大。在所有家庭制度中，新的父亲和传统父亲之间有着相当显著的差距，而这种差距也正保护了这种宗教渴望的成长——即经由一种变换的方式使人们能继续不断地仰慕其父亲。

所以，我们不难看出，父亲这一特殊角色在对族神献祭牺

在这幅见于 11 世纪手稿的插图中，母亲神的形象被泛化为大地女神并哺育着大地万物。

牲的仪式中，被人们看作神和被屠杀的图腾动物的影像投射。不过，在我们企图理解这一情况之前，我必须先寻找出之所以导致这种变更性的原因，以及为什么在形成这种特性之后，其演变过程居然能被完全遗忘而不留痕迹。父亲的变更性，我们可以在祭礼中发现具有两种连续性的意义。在祭礼行为中，我们可清楚地找到对父亲那种爱恨混乱的矛盾和冲突，同时也可看到孩子们对父亲的爱终于战胜了恨。父亲的失败（指被儿子们打败）经由某种表现方式，使他受到了最大的荣誉和胜利。到处都可看到人们用牺牲来供奉祭礼父亲以使他感到满足。

随着人类的不断进步，动物不再被认为是神，祭物已被别的东西取代而与图腾动物无关。最后，它变成了一种仅仅是为了取悦和祈求神灵的东西。而神也被夸大成远离人类而只能经由伴侣等中间媒介才能沟通。就在同一时期，国王的观念开始在社会制度中产生，而家长统治的结构也逐渐演变成接近国家的形式了。我们应该知道，那些失败后再度恢复权力的父亲，其报复是严厉的。因为，权威的统治在这个时期可以说已达到了巅峰。至于那些被压制的儿子们则借着这种新的情况来消除其原有的罪恶感。他们不必再为牺牲（祭物）的被杀害而自责，因为那是神的命令要求如此做。在此，我们可以看到一个较有趣的现象，即神自己杀害献祭的动物，而该动物又代表了神自身。因此，我们可以说，就在这种充满矛盾的过程中，社会结构和罪恶感才逐渐萌芽形成。对这种献祭方式，我想它还具有另外一个目的，即用神的观念来满足人们早期那种企图取代父亲的欲望。在这个观点上，精神分析学的解释恰好和它相同，

公牛雕像，亚述帝国，约公元前 710 年。

这座石像由亚述国王萨尔贡二世建造，约有 4 米高，重达 14 吨。这座具有人的头像、长着翅膀的巨大公牛石像，是用来守卫宫殿之门的。亚述人给这座雕像雕塑了 5 条腿，是为了使它无论从哪面看都有平衡感。

因为神终于战胜了其动物本身而恢复人类的形态了。

但是我们不能因此确定，那些在父亲情结里所表露的邪恶欲念已消失在这种重新形成的父亲权威制度之中。恰恰相反，在两个新的父亲替代物（神和国王）的统治下，在其早期就已显示出明显矛盾情感现象，同时也成为宗教的特质。

弗雷泽在其伟大的著作《金枝》中曾将这种观点加以论证。他发现在最早期的拉丁部落中，国王常常由外族人担任，他被视为神。同时在某一特定仪式中将他很隆重地处死。在闪米特人的宗教中，举行神的年祭是不可缺少的重要活动。在以人为祭物的各种族中，我们可以看到祭物在最后都被视为神的代表。这种现象我们也可在较后期看到。在这个时期中，人们开始用无生命的雕像来替代人作为祭物。具有神、人一体性质的祭物与动物祭物之间的转化及关系是一个特别复杂的问题。不过对它们研究之后，我们对早期祭物形式的意义就有了更进一步的认识。我们必须坦白地承认，那些祭物献祭的对象（现在被尊奉为神的东西）是意指父亲。在这种假设下，动物与活人献祭间的疑问即可得到一个简单的答案。动物献祭是活人献祭的一种替代——即屠杀父亲的仪式。因此，当父亲的替代物再度变为人的形状时，动物献祭自然也就再度转变为活人献祭了。

我曾经尝试努力忘记最早的献祭形式，可惜，仍然做不到。尤其他们的行为表面上看不出有任何动机。可是这种献祭的方式却揭露了他们内心的某些欲望。我想我不需要再将这经过合理化作用过的宗教思想的发展过程加以渲染，以使它们能再度重现。罗勃逊·史密斯虽然没有像我们一样将这些史前时代献

手持角杯的裸女

这位女子右手托着一只角状器，从形象动作的姿态特征上，人们猜想这位女子正在主持一项巫术仪式，祈祷猎物丰收和部族昌盛、安康。也有人认为手中托举的角器是人类繁殖的吉祥物，表明她那母性的潜力不再隐藏在自己的身体内，而是寄托于神秘的象征——兽角。

马诺亚献祭
金斯顿艾格尼斯·埃瑟林顿艺术中心，戈维特·弗林克。

祭行为的衍生情形做进一步分析，但是他从观察研究中推演出早期闪米特人纪念神死亡的庆典，“被认为是一种对神明悲剧的纪念”。他声称：“那些哀悼并不是对神明悲剧的关怀表示，而是惧怕超自然力量的愤怒和报复。哀悼者的主要目的只是在于表明他们对神的死亡并不负任何责任——这种观点已和我们讨论过的具有神、人一体性质的祭物有着密切的关系。”

要是我们假设上述叙述为一个事实，那么从后来宗教的发展过程中，我们可以发现两个主要推动的因素，儿子们的罪恶感和其反抗心理并不会消失。不过任何解决宗教疑问的尝试或由这两种冲突的心理力量所造成任何种类的妥协，都由于历史事件、文化变迁和内在心理的调整而逐渐瓦解了。

儿子们希望取代父亲（神）的地位所做的努力逐渐明朗。尤其由于农业社会的到来使他们在家庭中的地位更加重要。因此，他们开始用一种象征性的方式来表现那些具有乱伦倾向的

狮身人面像

据记载，埃及的历代法老和臣民视这尊狮身人面像为"太阳神"，朝拜的人往来不绝。后来，风沙把它掩埋了一大半。一名反对崇拜偶像的人，拿着镐头，爬上沙丘，狠狠地猛凿露出沙面的鼻子，毁坏了它的容貌。

原欲。基于这个理由，诸神如阿提斯、阿多尼斯和塔穆兹等纷纷形成，植物精灵同时还有青春诸神都深受母亲女神们的偏爱。它们无视父亲的存在，与自己的母亲干起乱伦的勾当。然而，我们可以在这些神话中看到罪恶感的成分，因为那些年轻的神与母亲间的关系都非常短暂，同时他们也都由震怒的父亲将其变为动物而给予一种惩罚。阿多尼斯被

犹太人行割礼的工具

美少年阿多尼斯之死约，佛罗伦萨乌菲齐美术馆，塞巴斯蒂亚诺·德尔·皮翁博。

野猪所杀，它是阿芙罗狄蒂的圣物（希腊神话中代表爱与美之女神，相当于罗马神话之中的维纳斯）。阿提斯是库柏勒（古时小亚细亚人民所崇奉的神）所喜爱的情人，他最后因阉割而死。[①]

当基督教开始传入这古老的世界时，开始与弥特剌斯（波斯神话中先指光与真理之神，后成为太阳神）的宗教发生斗争，

① 在我们所观察的那些年轻的神经症患者中，由于与父亲相处不和睦而产生阉割恐惧的例子很多。如前面我讨论过的例子中，费伦茨曾举出一个令人深受启发的例子，一个小男孩是如何将一只啄了他的小阴茎的野鸡当作自己的图腾。每当我们（犹太人）的孩子听说割礼时，他们就将它视为阉割。与孩子们的这一反应相对应的社会心理反应，就我所知至今尚未研究出什么结果。在远古时代以及在割礼极为平常的那些原始民族中，包皮切割是达到行成人礼的年龄时进行的，它们其实也可以说是返回孩童时代的一种变化发展而已（指割礼的意义在于使人返回孩提时代，一切都得从头发展——译注）。更有趣的是，在原始民族中，包皮切割常与剪发和拔牙同时进行，而我们的孩子由于不可能了解这一点，事实上带着由此而产生的满心焦虑，将这两种手术视同为阉割。

有一段时间几乎使人无法预料哪个神将会获胜。这位年轻的波斯神留给我们一种神秘的色彩。也许，我们可以从它的一座雕刻中看出一些端倪。这座雕像刻着弥特剌斯正在屠杀一头公牛的情形，这象征了一位儿子牺牲他的父亲以逃避他的兄弟们所犯的罪恶。这种方式首先为基督教所利用并做了若干变形，那就是牺牲自己的生命来为他的兄弟们承担原罪。这种方法由耶稣首先采用。

有关原罪的教义源自奥尔甫斯（希腊神话中的歌手）的传说。它们构成了神秘主义的一部分，甚至还影响了早期的希腊哲学。传说人类被认为是提坦神（希腊神话中的巨人族）的子孙，他曾将年轻的狄俄尼索斯—托格柔斯（希腊神话中的植物神）杀死，然后撕为碎片。因此，这种罪恶便被加诸人类身上。从阿那克曼德（公元前610?—前547？希腊哲学家及天文学家）的片断记录中，我们可以发现原罪的观念如何破坏世界的协调性，同时使任何带有原罪的人们必须接受惩罚。提坦巨神们聚众闹事、肆意屠杀的一幕使我们想起了圣尼禄所提及的图腾祭典——类似的情形在早期的神话中曾出现多次，其中包括了奥尔甫斯本身的死亡。

我们可以这样认为，原罪在基督教的神话中之所以会产生，是因为人们违背了天父的旨意。不过，要是我们假设耶稣用牺牲自己来替人类担负原罪是事实的话，那么，我们只能假设这种原罪是一种谋杀罪。因为在根深蒂固的人类脑海中一直存在着血债血还的想法，杀人者必须偿命，这是一个定律，而自我

密特拉神雕像

密特拉正在杀死一只公牛，当时人们相信公牛的鲜血给世界带来了生命。下面的狗、蛇和蝎子正在舔食。

牺牲则是这种血债血还条件下的另一种方式。[①] 因此，倘若我们相信耶稣必须牺牲生命才能得到天父的原谅，那么，我们就能了解到其所背负的罪过必然是谋杀天父的罪名。

在基督教的理论中，我们可以发现人们所犯的罪必然是极为严重的，因为它必须经由耶稣的牺牲才能承担这种原罪。对父亲的赎罪还包括了对女人的完全拒绝，因为女人被视为反抗

---

① 我们从企图自杀的神经症病人的研究中发现，他们的自杀冲动是由取代希望某人死亡这种念头的一种自责行为。

父亲的起因。不过也就在这个观点上，我们看到了一种矛盾情感的存在。当儿子在尽最大的努力赎罪时，我们同时也看到了他达到了反抗父亲的目的。因为他被自己列为神，或者应该确切地说，他取代了父亲的地位。于是对天父的信仰终于转变成

三美神，马德里普拉多博物馆，彼得·保罗·鲁本斯。

对儿子的信仰。在这种转变过程中，我们可以从教会的仪式中看到早期图腾餐的现象。在他们所举行的圣餐礼中，我们看到了那些兄弟们分食着象征耶稣（不再是天父）血肉的食物，并

提奥尼索斯秘仪

因祀奉酒神提奥尼索斯的一种秘密宗教团体仪式而得名。画中人物除酒神和他的妻子阿里阿德尼以及山林神萨提洛斯、带翅膀的女神外，都是参加秘密宗教仪式的人物。

借此来仿同他和得到恩泽。透过这漫长的岁月，我们可以找到图腾餐与动物献祭、与神人合一的人祭以及与基督教的圣餐之间的同一性。而且，在这种种礼仪中，我们还可以看到那一压得人们无法抬头，却多少又让他们引以为自豪的原罪所产生的影响。因此，我们可以说基督教圣餐从本质上讲是对父亲肉体上的消灭，是那一罪恶行径的重演。这我们可以从弗雷泽的研究中明确地看出，他说："在基督教的发展中，圣餐的出现必然绝对早于其教义的诞生。"

使徒们领圣餐，乌尔比诺马尔凯美术馆，约斯·凡·根特。

关于图腾崇拜的总结

我们在前面就已讨论了儿子们与父亲之间的斗争，这一现象在人类历史的发展进化中起到了很大作用。但是我们对它却很难全面认识，因为它在发展过程中经历了多次转变。现在，我将开始从神话学中找出这些痕迹。

哀悼基督，佛罗伦萨大教堂美术馆，米开朗基罗·博纳罗蒂。

从罗勃逊·史密斯的研究中，我们很惊异地发现早期希腊的艺术竟然与图腾餐的情景有着极相同的地方。我个人对希腊的早期悲剧有极深的印象，它们常是：一群人围绕着一位英雄的化身并听从他的命令和指示。这位英雄的化身在开始时是唯一的演员，接着出现了第二第三位演员。他们就像是由他所分离出来的一样，可是却又常抵抗他。不过这位英雄与群众的联系并未因其他演员的出现而受到干扰。这位悲剧中的英雄注定必须受苦，这也是构成悲剧的中心。他必须承担那些被认定的“悲剧性罪恶”。那些罪恶并不容易被人所发现，因为就现在的眼光看来，它也许并不构成罪恶。它们通常都是起源于反抗某些神及其所构成的威胁。在此时，群众满怀同情陪伴着英雄，竭力阻止他，警告他，并竭力使他冷静下来，最终将他抓起来，并且在他受到应得的惩罚后，人们又开始哀悼他。

为什么悲剧中的英雄必须受苦？他的“悲剧性罪恶”又是什么？对于这个问题，我想简洁地做一个答复。他必须受苦只是因为他是原父，他的原始悲剧被人以曲解的方式导演出来，他之所以必须承担悲剧性罪恶主要是因他要替众人受罪。因此，这幕戏剧的出现，我们可以说是一种经过有系统的曲解所形成——或者我们也可以说是一种由伪善而刻意造成的。我想在最早期一定是群众的行为成为英雄受苦的原因，不过由于时代久远，他们逐渐对此失去关心终至于忘却，甚至开始怀疑英雄的受苦是由于他咎由自取。那些由胆大妄为和反抗权威而造成的罪恶实为群众所犯，可是英雄（主角）却必须担负这些罪恶。因此，即使违背了自己的意志，悲剧英雄也只有替群众背负起这种罪过。

在希腊的悲剧中，其主题常涉及戴奥尼索斯（希腊神话中酒神及戏剧之神）受苦的情形，而那些他的拥戴者则哀悼且仿效他。这也是为什么已近绝迹的戏剧在中世纪由于基督教的热

骑骡子的酒神、会饮、面具与戏剧之神——狄奥尼索斯

情而再度掀起高潮的原因。

因此，我可以肯定地说，宗教、道德、社会和艺术的起源都汇集在俄狄浦斯情结之中。这正和精神分析学的研究中认为俄狄浦斯情结构成了神经症的核心不谋而合。最令我惊奇的是，社会心理学的种种问题必须对一种最基本的事情（即人们与其父亲间的关系）做进一步研究，才能找出其中的解决之道。我也常一再提及矛盾情感（即对同一目标同时存在着爱与恨两种情感）常是造成某些文化特征的重要因素。我们对这个矛盾的起源一无所知。也许有人会假设它是人类情感生活中的一种本能。不过，对此我倒宁愿采取另外一种看法，我相信它们并不

古希腊陶瓶上的酒神奥尼索斯，左方陪伴的是 Ariadne，象征旺盛生命力的酒神，头上挂着串串丰美的葡萄。

是构成人类情感生活的原始部分，它们是伴随着父亲情结[①]而经由后天所得到的。我们可以经过精神分析学的研究，在现代人中清楚地得到验证。

我在结束讨论之前要强调的一点就是，虽然我的论述将一个简单的观念复杂化且产生了许多分歧，但仍不会让人们对我的论点产生怀疑或者使我的总结出现困难。对此，我将再度向读者提出两点说明。

首先，每一个人都知道，我将集体意识的存在作为我的假设基础，在此，它们的心理作用过程也和个人的心理作用相同。尤其我假设了一种罪恶的产生，这种罪恶是由某种行为造成，而这种行为已存在了数千年，甚至还继续影响着人们，

---

① 或者，更确切地说，他们的父母亲情结。

圣母之死，布鲁日国家博物馆，许戈·凡·德·古斯。

可是大家都对其一无所觉。我也假设了一种心理过程的存在，它显示了那些因父亲的不当态度而儿子们如何去驱除父亲，同时如何不断地演变传递到后代。我必须承认这些假设都会遭到极大的困难，如果有任何解释能代替上述的假设，则将是更优异的学说。

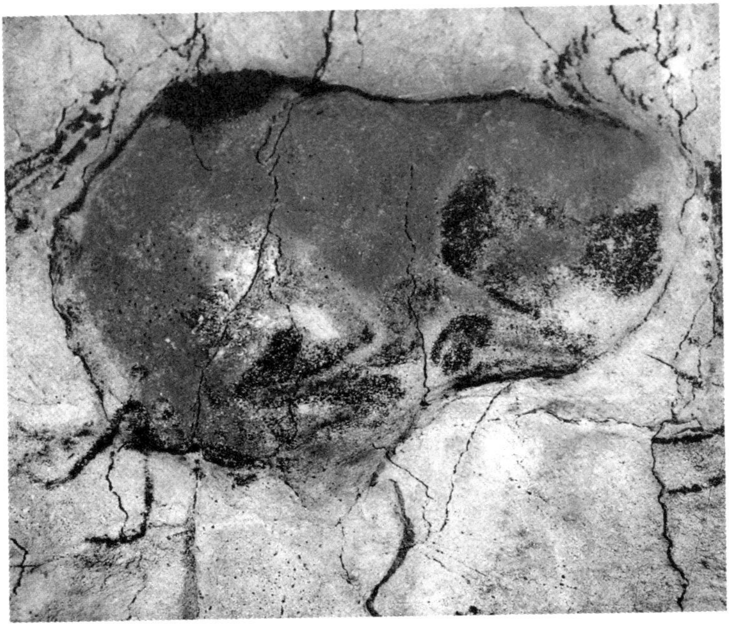

牛——西班牙阿尔塔米拉洞穴壁画。从艺术的角度来考察，阿尔塔米拉洞穴很有代表性。西方人称它为“史前的西斯廷教堂”。西斯廷教堂以米开朗琪罗的巨幅天顶画名闻遐迩，它是西方人心目中的艺术圣殿，可见阿尔塔米拉洞的至高地位和艺术价值。

由此看来，并不仅是我应该对这些大胆的假设担负责任。不过，要是我们不假设有集体意识的存在，因为集体意识的存在使我们有可能忽略因个体的消亡而出现的心理活动的中断，那么，社会心理学将无法形成。因为除非心理过程能一代一代地传递下去，否则，要是每一代的人都由自己创造一套对待生命的方式，那么，社会不仅无法进步，而且极有可能倒退。对此，我们还面临两个问题：究竟有多少心理作用能够传递到下一代？一个时代的心理状态经由什么样的方式传递到下一代？

埃及史前，在尼罗河流域以耕织为主的农业部落就已形成，由实用发展起来的制陶工艺也趋发达。现今所见最早的作品是阿姆拉提时期的彩陶塑女像。

我不敢声称这些难题都能得到解决，或者说，由于直接接触和传统（是一个人最早接触的事情）的影响即足以说明整个过程。就整体而言，社会心理学对那些所谓的世代间心灵连续需要的因素并不太感兴趣。这一难题也许部分地可以用心理气质的遗传来解释，不过，心理气质必须先在个体的生活中获得一定的内在动力后，才能被激活进入实际运作。这种心理的连续性可以用歌德的著作《浮士德》中的一句名诗来表示：

将由你父亲传下来的东西，
变成你自己的一部分。

要是我们承认心灵的行动能完全被压抑而看不出痕迹，那么，这个问题将变得更加复杂。不过我相信即使有彻底的压抑，也将留有一些被修正过的取代性行动及因此而产生的反应。因此，我们可以假设，没有任何时代可以在主要的心理过程中排除上一代的影响。

从精神分析学的研究中，我们发现每一个人在潜意识的心理活动中都具有一种解释他人反应的能力，也就是了解他人在表示其情感时所做的伪装。因此，我们可以说，在潜意识中对由于父亲关系所形成的种种习俗仪典和禁忌的解释为——当他们在从事某些被禁止的事情时，带有一种罪恶观念。他们对这些行为感觉悔恨，同时不再违犯，因为任何违犯这种禁忌都被认为绝无益处。类似的情形我们也可在神经症的病人之中看到。不过，要是问这些病人为什么会有这些反应，我们将感到失望。

征服者阿尔多南，科尔特斯被奉为羽蛇神

因为我们在这些病人身上只能看到那些属于行动和情感之类的东西。我们发现在深藏于那些神经症病人的罪恶感下面的完全是心理上的问题。这些病人的特征，主要在于他们将那些心理上的思想问题当作事实一样来严重地考虑（例如一位强迫性神经症的病人，他可能一直重复着检查房门来确定是否已被关牢——译注）。

原始民族是否也具有上述的特征？我想这个问题的答案是肯定的。因为从我们前面所叙述过的许多例子中，可以发现在他们身上具有自恋倾向，同时他们对自己心理上的行为往往估计过高。因此，我们可以说只要对父亲的那种敌视行动及希望杀害父亲的那些幻想，即足以促成图腾崇拜和禁忌这些观念

古罗马青铜雕像：母狼与孪生子。罗慕路斯和雷穆斯正在吸母狼的奶。传说这对孪生兄弟是阿尔巴隆加国王之女和战神马尔斯的后裔，在婴儿时期被母亲的叔父抛入台伯河。牧羊人法乌斯图鲁斯发现母狼在喂养他们，便救了他们并抚养成人，直到他们回去建立罗马城。后来，罗慕路斯杀死了兄长雷穆斯，当上了国王，统治罗马达 40 年之久。

的产生了。我想也不必因了解了这个心理现象，就对我们一向自傲的文化遗产感到失望，因为在这漫长的过程中，人们早已能够合理地对付这种问题了。也许有人还会争论说，从家长统治方式过渡到兄弟部落这种转变并不真正存在。我想这是一个极有力的论点，不过我并不认为这将成为定论。我认为这种转变也许可能较为缓慢，但它多少可以从那些道德反应中观察出来。只要我们能感觉出最早期父亲的那种权威压力和儿子们的敌意，上述的情形就可能在较后期出现。我想任何认为能够从对父亲的矛盾情感所引起的禁忌与祭典仪式求得绝对正确答案的想法都是不合情理的。因为这些仪式和强迫性神经症病人的禁忌一样都是因为心理因素——也就是出于其意向。我们不能用现代人或正常人的眼光和价值观来衡量它们，因为那将犯极大错误。

在此，我们必须再面对一个难题，即对于某些人的某些基本特征的解释，我们应避免因个人判断而影响到事物的本质。例如，在原始民族的心理中，希望和行动占有决定性的作用，那么我们的问题是以此为出发点来了解他们的行为，而不是用我们的标准来纠正他们。因此，让我们对神经症展开更为细致的检查，因为正是与这种病症的比较导致我们目前的这一疑虑。不太准确地说，强迫性神经症患者在过分的道德包袱的重压下，只是在防御心理的现实，并且因仅仅是感觉到了某些冲动而自我惩罚。历史的现实在此也占有一席之地。早在孩提时代，他们就有了这些邪恶的冲动，纯粹而又简单，并且在童年尚欠阳刚之气的情况下，尽可能将这些冲动转化成行动。这些过分贞

法国克罗马努人岩洞壁画：距今约两万年的史前时代的医生和巫师混合形象。这是最古老的人类医术岩洞壁画。

洁的人中每一个人早在婴儿时代便都经历了一个邪恶时期，即性倒错阶段。这一阶段成了后来道德时期的先驱和先决条件。如果我们假设在前一种情况下，心理的现实（至于它的结构形式，我们不加怀疑）一开始就与事实的现实相符，原始人也真的是干了他们想干的一切，那么原始人与神经症患者间的相似性将因此得到更彻底的巩固。

最后，我要声明的是，我们不能因为神经症病人和原始民族在有些方面相似，而导致我们偏离了对原始民族的正确判断。我们必须牢记，这两种情形也存在着差异，他们对思想和行为的区分并不如正常人那样清楚。神经症病人常“压抑”其行为而以思想取而代之，原始民族则是“不受压抑”而把思想直接变成行为——我们也可以说，他们着重于以行为代替思想。基于此，没有任何理由能使我在最后做出一个完善的结论。

附录：

弗洛伊德生平活动一览表

年月	出生与去世	家庭状况	学习活动	工作经历	科研成果	学术活动	组织与交往
1856年5月6日	出生在奥地利的弗莱堡镇一个犹太毛织品商人家庭。	父亲雅格布·弗洛伊德。母亲玛丽亚·纳坦森。有同父异母兄二人，同胞弟一人、妹五人。					
1859年（3岁）		全家迁莱比锡。路上因火车中瓦斯灯光联想到人的灵魂而患神经症，直至成年用自我分析治愈。					
1860年（4岁）		移居维也纳。					
1865年（9岁）		此前接受父亲的宗教教育和犹太民族传统教育。	进入施伯尔文科中学（八年制），连续七年成绩名列第一。				
1869年（13岁）			因受《动物生命史》的影响，开始对自然科学产生兴趣。				

年 月	出生与去世	家 庭 状 况	学 习 活 动	工 作 经 历	科 研 成 果	学 术 活 动	组织与交往
1872 年（16 岁）		回访诞生地弗莱堡镇，与父亲朋友的女儿夏拉发生初恋。					
1873 年（17 岁）			保送进入维也纳大学医学院，接受著名生理学家布鲁克、动物学家克劳斯、哲学家布伦塔诺的教育，并遭受反犹太主义的痛苦。				
1875 年（19 岁）			赴英国旅行，返维也纳后，立志攻读医学。				
1876 ~ 1882 年（20 ~ 26 岁）				进入布鲁克生理学研究所工作，专门研究低等动物的神经细胞及其功能。			结识奥地利生理学家布洛伊尔教授。

年 月	出生与去世	家 庭 状 况	学 习 活 动	工 作 经 历	科 研 成 果	学 术 活 动	组织与交往
1877 年（21 岁）					首次发表有关鳗的生殖腺的形态与构造方面的论文。		
1878 年（22 岁）					发表八目鳝幼鱼脊髓神经节细胞发生的论文。		
1879 年（23 岁）					发表淡水蟹的神经系统的论文。		
1880 年（24 岁）				应征入伍。	受维也纳大学历史系教授冈柏的委托，将英国哲学家、经济学家的约翰·穆勒的著作译成德文，并翻译有关柏拉图的论文。		12 月，布洛伊尔开始给欧·安娜治疗，于 1882 年治愈。之后，这个病例刊载于布洛伊尔与弗洛伊德共著的《歇斯底里研究》一书。
1881 年（25 岁）			大学毕业，获医学博士学位。				

年 月	出生与去世	家 庭 状 况	学 习 活 动	工 作 经 历	科 研 成 果	学 术 活 动	组织与交往
1882 年（26 岁）		与玛莎·伯奈斯订婚。他曾给未婚妻写了 900 多封情书。		因经济原因，由基础医学研究转入临床医学。在维也纳综合医院服务。			
1882～1885 年（26～29 岁）				在维也纳综合医院期间，先后在神经科、外科、内科、小儿科、眼科、皮肤科、耳鼻喉科从事临床工作。	进一步研究脑解剖学和病理学，发表了一系列有关神经解剖与生理方面的论文。		
1884～1887 年（28～31 岁）					研究“可卡因”的临床使用效果。		
1885 年（29 岁）				夏，离开维也纳综合医院。9 月，任维也纳大学神经病理学讲师。	6 月至翌年 9 月，发表有关听神经根的三篇论文。		

年 月	出生与去世	家庭状况	学习活动	工作经历	科研成果	学术活动	组织与交往
1885～1886年（29～30岁）			10月，到巴黎萨伯居里精神病医院向法国精神病学家沙可学习数月，对癔症的治疗和催眠法发生了兴趣。				
1886年30岁		9月30日，与玛莎·伯奈斯结婚。	2月，返国途中，访问德国巴金斯基儿童精神疾病诊所。	4月，在维也纳开设医治神经症的私人诊所。	因癔症传统上认为是女性病，故弗洛伊德报告一个典型男性癔症病例时，受到医学界的冷落。将沙可的《神经系统疾病讲义》译成德文发表。		
1886～1893年（30～37岁）				在卡索维奇儿童疾病研究所工作。	继续研究神经病学，特别是研究小儿脑麻痹症。发表了一系列有关小儿脑病理学和癔症的论文。研究重点由一般神经学逐渐转向精神病病理学。		

年 月	出生与去世	家 庭 状 况	学 习 活 动	工 作 经 历	科 研 成 果	学 术 活 动	组织与交往
1887 年（31 岁）		长女玛蒂尔德出生。		开始用催眠术治疗，并同布洛伊尔合作，对癔症用宣泄法治疗。			
1887—1901 年（31—45 岁）					1888 年，发表法国精神病学家伯恩海姆《暗示及其治疗作用》德文译文。		与柏林的朋友威廉·弗利斯医师通信，发表许多重要见解。该通信集于 1950 年出版。
1889 年（33 岁）		长子马丁出生。	7 月，到法国南锡向伯恩海姆学习数周，进一步了解暗示法。	在少女杜拉治疗中对梦的分析成为经典梦例。			
1891 年（35 岁）		次子奥立弗出生。			发表《论失语症》。		
1892 年（36 岁）		三子恩斯特出生。			发表翻译伯恩海姆《暗示研究》的译文。		

年 月	出生与去世	家 庭 状 况	学 习 活 动	工 作 经 历	科 研 成 果	学 术 活 动	组织与交往
1893 年（37 岁）		次女苏菲出生。			发表与布洛伊尔合作的第一篇著作《论癔症现象的心理机制》。		沙可去世。撰《沙可》一文来悼念沙可。
1893～1898 年（37～42 岁）					研究癔症、强迫性和焦虑性神经症，并将其成果写成一系列论文。		开始与布洛伊尔意见不合。
1895 年（39 岁）		三女安娜出生。		7 月 24 日首次做梦的分析，放弃催眠法，改用自由联想法。	发表《癔症研究》（与布洛伊尔合著），并撰《科学心理学设计》。		
1896 年（40 岁）		父亲病故，促使他回忆幼年生活。			开始使用“精神分析”一语。	《癔证的病因》讲演反响极为冷落。	与布洛伊尔彻底决裂。英国著作家艾里斯了解了弗洛伊德的著作。
1897 年（41 岁）					开始进行自我分析，导致对创伤理论的否定，并确立了幼儿性欲学说和“俄狄浦斯情结”的观点		

年 月	出生与去世	家 庭 状 况	学 习 活 动	工 作 经 历	科 研 成 果	学 术 活 动	组织与交往
1898 年（42 岁）					就幼儿性欲发表最初论文。发表《性欲在神经症病因中的地位》。		
1900 年（44 岁）					出版《梦的解析》，并撰写《日常生活心理病理学》，初步完成了潜意识理论的体系化，不仅适用于变态心理，而且也适用于正常心理。		
1902 年（46 岁）				被维也纳大学聘为副教授。		与奥地利精神病学家阿德勒等四人创立“心理学周三研究会”。	
1903 年（47 岁）							与弗利斯的友谊发生裂痕。
1904 年（48 岁）					发表《少女杜拉病例报告》，出版《日常生活心理病理学》，阐明偶发行为的意义。		

年 月	出生与去世	家庭状况	学习活动	工作经历	科研成果	学术活动	组织与交往
1905年（49岁）					写成《性学三论》和《诙谐及其与潜意识的关系》，第一次系统地探索了自幼年时代起人类性欲发展规律。		
1906年（50岁）							与弗里斯断绝关系。
1907年（51岁）					发表《詹森的〈格拉迪沃〉中的幻觉与梦》与《强迫性行为与宗教活动》。		与瑞士精神病学家荣格会面。与阿伯拉罕交往。
1908年（52岁）					发表《“文明的”性道德与现代神经症》《诗人与幻想》《幼儿关于性的想法》《癔症的幻想与两性并存的关系》《性格与肛门爱》等。	第一届国际精神分析学大会在萨尔茨堡召开。“心理学周三研究会”改为维也纳精神分析学会。	开始与费伦茨、琼斯交往。

年 月	出生与去世	家 庭 状 况	学 习 活 动	工 作 经 历	科 研 成 果	学 术 活 动	组织与交往
1909 年（53 岁）					研究一个 5 岁儿童的病例，进一步论证了成人癔症研究的结论，即癔症与性有关，特别是与幼年的性经验有关。	应美国克拉克大学校长霍尔邀请，与荣格等去该校参加 20 周年校庆活动，并发表《精神分析学五讲》讲演。	与美国心理学家、哲学家威廉·詹姆士会面。
1910 年（54 岁）					提出“自恋”理论。发表《爱情心理学之一：男人选择对象的一个特殊类型》《达·芬奇对童年的回忆》。	第二届国际精神分析学大会在纽伦堡召开，荣格被选为主席。	在柏林、苏黎世、维也纳成立三个精神分析小组，由阿伯拉罕、荣格和阿德勒分别负责。
1911 年（55 岁）					发表《对心理活动的两个原则的系统论述》。	第三届国际精神分析大会在魏玛召开。美国精神分析运动开始兴起。	因理论分歧，与荣格个人感情恶化，与阿德勒决裂。阿德勒另创“个体心理学”。

年 月	出生与去世	家 庭 状 况	学 习 活 动	工 作 经 历	科 研 成 果	学 术 活 动	组织与交往
1911～1915年（55～59岁）					发表一系列关于精神分析技术的论文。出版《图腾与禁忌》(1913)，将精神分析学应用于人类学、文化学与宗教学。		
1912年（56岁）					发表《爱情心理学之二：论性爱领域最普遍的衰退趋势》。	为了促进精神分析学在其他科学文化领域的应用，创立《意象》杂志。	
1913年（57岁）					出版《图腾与禁忌》，将精神分析学应用于人类学、文化学与宗教学。撰写《治疗学入门》，以阐明实施精神分析的实际问题。	第四届国际精神分析学大会在慕尼黑召开。	与荣格决裂。在琼斯建议下，成立护卫弗洛伊德的“委员会”，主要有弗伦茨、阿伯拉罕、琼斯、萨克斯、兰克等。

年 月	出生与去世	家 庭 状 况	学 习 活 动	工 作 经 历	科 研 成 果	学 术 活 动	组织与交往
1914 年（58 岁）					撰写《精神分析运动史》，尖锐批评荣格和阿德勒的学术观点。	因第一次世界大战爆发，德累斯顿代表大会中止。	荣格退出学会，另创“分析心理学”。
1915 年（59 岁）				在维也纳大学开设“精神分析学导论”讲座，总结到第一次世界大战期间为止的精神分析学的基本成果。	撰写《论潜意识》等 12 篇论述基本理论问题的“心理玄学”的文章，但只保留下来 5 篇。发表《对目前战争与死亡的看法》论文。		德国诗人里尔克来访。
1916 年（60 岁）					出版《精神分析学导论》。发表《爱情心理学之三：处女的禁忌》。	第五届国际精神分析学大会在布达佩斯召开，费伦茨任主席。	
1918 年（62 岁）					将“自恋”理论应用于治疗战争神经症。		在维也纳创办国际精神分析出版公司。

年 月	出生与去世	家庭状况	学习活动	工作经历	科研成果	学术活动	组织与交往
1919 年（63 岁）1920 年（64 岁）		次女苏菲去世			发表《超越快乐原则》，开始研究本能问题，提出“死的本能”的概念。	第六届国际精神分析大会在海牙召开。	在维也纳、柏林、布达佩斯、伦敦成立四个秘密核心小组，由忠实的精神分析学家组成。
1921 年（65 岁）					发表《群体心理学和自我的分析》，开始系统研究“自我”，并涉及社会心理学问题。		
1922 年（66 岁）					发表《梦与心灵感应》《嫉妒、偏执狂和同性恋的某些神经症机制》。	第七届国际精神分析学大会在柏林召开。小女儿安娜成为会员。	
1923 年（67 岁）		4 月下颚发现肿瘤，首次手术至去世共手术 33 次。			著有《自我与本我》，将人格结构分为“本我”、“自我”和“超我”，提出一种新的人格结构理论模式。		与罗曼·通信。

年 月	出生与去世	家 庭 状 况	学 习 活 动	工 作 经 历	科 研 成 果	学 术 活 动	组织与交往
1924 年（68 岁）					维也纳开始出版《弗洛伊德全集》，发表《精神分析学概述》《神经症与精神病》。	第八届国际精神分析学大会在萨尔斯堡召开，阿伯拉罕任主席。	罗曼·罗兰和奥地利作家茨威格来访。
1925 年（69 岁）					发表《自传》研究妇女性欲问题。	第九届国际精神分析学大会在洪堡召开。安娜代表弗洛伊德宣读论文。	布洛伊尔与阿伯拉罕去世，弗洛伊德为他们撰写悼文。
1926 年（70 岁）		70寿辰时，奥地利官方首次通过广播介绍弗洛伊德的生平，并收到罗曼·罗兰、爱因斯坦等人的贺电。			发表《抑制、症状与焦虑》，研究焦虑性神经症。发表《非专业者的分析问题》。	艾丁根任国际精神分析学会主席。弗洛伊德声明从精神分析运动中引退。	与兰克分手。
1927 年（71 岁）					发表《一个幻觉的未来》《拜物教》等研究宗教的论文。	第十届国际精神分析学大会在因斯布鲁克召开。	

年 月	出生与去世	家 庭 状 况	学 习 活 动	工 作 经 历	科 研 成 果	学 术 活 动	组织与交往
1928 年（72 岁）					发表《陀思妥耶夫斯基与弑父者》，研究陀思妥耶夫斯基的著作《卡拉马佐夫兄弟》，讨论“俄狄浦斯情结”在文学上的应用。		
1929 年（73 岁）						第十一届国际精神分析学大会在牛津召开。	德国作家托马斯·曼发表《弗洛伊德与未来》的讲演，认为弗洛伊德是现代思想史上最重要的伟人之一。费伦茨脱离组织。
1930 年（74 岁）		母亲去世，享年 95 岁。			出版《文明及其缺憾》，深入研究宗教产生的根源。	获歌德文学奖，因健康等原因，女儿安娜前往法兰克福参加授奖仪式。	

年 月	出生与去世	家庭状况	学习活动	工作经历	科研成果	学术活动	组织与交往
1931 年（75 岁）					发表《原欲的类型》《女性性欲》。		
1932 年（76 岁）					发表《精神分析学新论》《为什么有战争》。	第十二届国际精神分析学大会在维斯巴登召开，琼斯任主席。	访问托马斯·曼。
1933 年（77 岁）						希特勒上台，有关精神分析学方面的书刊被禁。	费伦茨去世。
1934 年（78 岁）						第十三届国际精神分析学大会在琉森召开，从此开始，弗洛伊德因病情严重，无法亲自参加。	
1935 年（79 岁）						当选英国皇家学会名誉会员。	

年 月	出生与去世	家 庭 状 况	学 习 活 动	工 作 经 历	科 研 成 果	学 术 活 动	组织与交往
1936 年（80 岁）		5 月 6 日，80 寿辰，托马斯·曼罗曼·罗兰、威尔斯、茨威格等著名作家 191 人，集体署名赠送生日礼物。9 月 30 日举行金婚典礼。			发表《自传的 1935 年追补》。	第十四届国际精神分析学大会在马立安巴特召开。德国法西斯冻结国际精神分析出版公司的全部财产。	
1937 年（81 岁）					发表《有终结的分析与无终结的分析》，并写成《埃及人摩西》。		
1938 年（82 岁）		全家遭纳粹迫害，女儿被捕，四个妹妹被杀。6 月，在琼斯等人帮助下，弗洛伊德逃离灾难。				第十五届国际精神分析学大会在巴黎召开，弗洛伊德最后一次参加该会。	在伦敦接待马林诺夫斯基、威尔斯、萨尔瓦多·达利等人来访。萨尔瓦多·达利还为弗洛伊德素描头像。

年 月	出生与去世	家庭状况	学习活动	工作经历	科研成果	学术活动	组织与交往
1939年9月23日（83岁）	2月，癌症严重，宣告不能手术。9月21日，祈望安乐死。22日注射吗啡昏睡，23日午夜在伦敦去世。琼斯与茨威格分别在伦敦与德国发表追悼演说。			出版《摩西与一神教》。正在执笔中的《精神分析学纲要》未能完成（1940年出版）。翌年，英文版《弗洛伊德全集》（18卷）在伦敦开始出版发行，直至1952年出齐。从1953至1974年，由詹姆士·斯特拉奇等人主编的《弗洛伊德标准版全集》（24卷）陆续出版。			

“纸莎草”书目

书名	作者	定价
图腾与禁忌	〔奥〕西格蒙德·弗洛伊德	56 元
如此日本人	王志强	56 元